아이 키우며
일하는

엄마로
산다는 건

아이 키우며 일하는 엄마로 산다는 건

초판 1쇄 발행 2020년 6월 25일

지은이 장윤영 **펴낸이** 오연조
편집 김채린 **디자인** 성미화 **경영지원** 김은희
펴낸곳 페이퍼스토리
출판등록 2010년 11월 11일 제 2010-000161호
주소 경기도 고양시 일산동구 정발산로 24 웨스턴타워 1차 707호
전화 031-926-3397 **팩스** 031-901-5122
이메일 book@sangsangschool.co.kr

ISBN 978-89-98690-53-3 03590

* 페이퍼스토리는 ㈜상상스쿨의 단행본 브랜드입니다.
* 이 도서의 국립중앙도서관 출판예정도서목록(CIP)은 서지정보유통지원시스템 홈페이지(http://seoji.nl.go.kr)와 국가자료공동목록시스템(http://www.nl.go.kr/kolisnet)에서 이용하실 수 있습니다. (CIP제어번호: CIP2020017276)

아이 키우며 일하는 엄마로 산다는 건

장윤영 지음

바쁜 엄마들의 일, 육아, 삶을
대하는 태도에 관하여

페이퍼스토리

아이 키우며 일하는 엄마를 위한 체크리스트

work-life harmony

- 현재 일, 육아, 삶 중 우선순위는 무엇인가요?
- 나에게 일과 삶의 조화는 어떤 의미인가요?
- 내가 원하는 일의 가치는 무엇인가요?
- 직장에서 인간관계로 힘들었던 적이 있나요?
- 공들여서 진행한 업무 결과에 만족하고 있나요?
- 지금 상황에서 새롭게 도전하고 싶은 일이 있나요?
- 나 자신을 있는 그대로 사랑하고 있나요?
- 건강을 유지하기 위한 나만의 방법이 있나요?
- 열정을 다해 누리고 싶은 취미가 있나요?
- 처음 만나는 사람과도 쉽게 대화를 나눌 수 있나요?
- 육아도 하면서 친구 관계를 유지하고 있나요?
- 이것만은 꼭 지키자는 육아 원칙이 있나요?
- 아이에게 하루에 한 번 이상 사랑한다고 말하고 있나요?
- 아이를 동등한 인격체로 존중하고 있나요?
- 아이 키우며 가장 행복한 때는 언제인가요?

일, 육아, 삶에는 정답이 없다

일하는 부모는 자신의 꿈도 희생하고, 육아에만 전념해야 하는 걸까? 언제까지 일에 치이고 아이에 치인 하루하루를 보내야 하는 걸까? 과연 육아의 세계에 희망은 있을까? 이런 고민에서 이 책은 시작되었다. 육아와 동시에 일과 삶을 이끌어 나간 선배의 입장에서 맞춤형 부모 지침서를 써 보고 싶었다.

원했던 외국계 기업에 운 좋게 합격하여 다녀 보니, 급여나 복리후생은 좋았으나 느슨하고 안정적인 분위기를 견디기 힘들었다. 남들은 가 보지도 못하는 해외 출장을 비즈니스 클래스로 다녀오기도 했다. 하지만 회사 내에 닮고 싶은 롤 모델이

한 명도 없는 분위기가 싫었다. 영어만 잘하면 승진하는, 제대로 된 일은 아무도 하지 않는 주인 없는 회사에서 하루라도 빨리 벗어나고 싶었다. 원대한 꿈을 안고 벤처 버블에 뛰어들었다. 하지만 그것도 한때, 새로운 기술이 생겨나며 버블이 순식간에 꺼졌다. 다행히 지인의 소개로 성장하는 국내 기업에 입사했다. 실적이 좋은 회사여서 한국에 본사가 있고 외국에 지사가 있는 글로벌 기업으로 성장했다. 나스닥에 상장하여 주식도 받았고, 30대에 부장 직급을 달았으며 연봉도 꽤 높았다. 원하는 직무를 찾아 경력 전환의 기회까지 맞았다. 그러다 회사의 구조 조정으로 실직의 아픔을 겪었다.

한때는 지나간 영광을 아쉬워했다. 6개월간 구직활동으로 멍든 30대 후반은 고통뿐이었다. 그렇게 내 인생은 저무는 줄 알았다. 다행스럽게도 인생 고비의 순간마다 은인이 나타났다. 20대 초반 신입 시절, 고객의 불평 전화에 화가 나 사표를 냈을 때 다른 직장을 구한 후 퇴사하라고 조언해 주신 상무님 덕에 27년이 지난 지금까지 직장을 잘 다니고 있다. 30대 후반 고통스러운 경력 단절의 순간 프리랜서직을 제안해 주신 중소기업 대표님 덕분에 경력을 지금까지 연결할 수 있었다.

프리랜서로 일하던 곳에서 정규직을 제안 받아 직원으로

입사했다. 감사한 마음으로 열심히 일하다 보니 실력이 쌓였고 그 덕에 다시 꿈꾸던 외국계 기업에 입사했다. 내 인생의 절정기가 다시 시작된 것이다. 그곳에서 뼈를 묻겠다 생각하고 죽을 힘을 다해 일했더니 또 다른 기회가 찾아왔다. 절정기는 내 인생에 따로 없었다. 점점 더 상황이 개선되니 앞날을 예측할 수 없었다. 예전에는 지나간 과거를 되돌아보면서 살았다면 이제는 앞으로 다가올 미래에 대한 기대가 더 크다.

업무적으로 어느 정도 원하는 것을 누렸다면 이제는 개인적인 삶을 누리는 순간이 오기 시작했다. 그동안 삶에서 내세울 만한 취미가 없었다. 도자기도 배웠고, 아크릴화도 그렸다. 피아노도 배우고, 문화센터도 열심히 다녔다. 각종 세미나와 미술 특강, 도서관 프로그램, 요가, 영어 공부 등 다양한 분야에 관심을 가지고 참여했다. 하지만 지금까지 내 삶을 강하게 휘어잡은 취미는 없었다. 주로 일에 활력을 주거나 스트레스를 해소하는 차원의 활동이었다. 그때 늘 곁에서 선택을 기다린 수호천사가 있었는데 그것이 바로 글쓰기였다. 글쓰기를 본격적으로 시작하자 일상이 글감으로 넘쳐났다. 일어나는 모든 일을 글로 남기고 싶은 욕심이 생겼다.

아침이면 회사로 달려간다. 빨리 가서 그날 해야 할 일을 마무리하고 싶은 마음 때문이다. 퇴근하면 집으로 달려간다. 빨리 글을 쓰고 싶은 마음 때문이다.

내 목표는 다른 사람의 성장을 돕는 것이다. 나에게 왜 글을 쓰는지 물을 때 마다 "제가 관종이라서요."라고 대답한다. 또 언제가 절정기였냐는 질문에는 "아직 오지 않았어요."라고 말한다. 그동안 쓴 책 중, 어느 책이 최고인지 피터 드러커에게 던진 질문에 "바로 다음에 나올 책"이라고 대답한 것처럼 말이다. 굴곡은 있었지만, 나는 지금 인생의 오르막을 완만하게 올라가는 중이다. 언제가 정점일지 모르겠다. 나락으로 떨어지는 순간이 올지도 모른다. 그렇게 되지 않으려고 오늘도 차곡차곡 계단을 오른다. 내 전성기는 아직 오지 않았다. 부족한 것이 무엇인지, 무엇을 더 채워야 할지, 무엇을 더 나눠야 할지, 어떻게 함께 올라갈 수 있을지 성장은 늘 내 화두다.

일과 삶에 또 하나 중요한 축은 가족이다. 내 삶을 구성하는 세 가지는 일, 삶, 가족이다. 매년 한 해를 마무리하면서 꼽는 10대 뉴스도 이 세 가지 기준에서 각각 두세 가지가 나오고, 새해 목표를 세울 때도 세 가지 기준에서 세운다. 버킷리스트도 마찬가지다.

어릴 때부터 꾸준히 일기를 써 왔는데 책을 준비하면서 예전 일기를 모두 읽어 보았다. 일기의 내용조차도 일에 대한 도전, 미래를 꿈꾸는 삶, 그리고 남편과 아이들 이야기로 가득했다. 지금까지 나를 지탱해 준 중요한 기둥이다.

버클리 대학 아동발달전문가이자 임상심리학자인 다이애나 바움린드Diana Baumrind는 애정과 통제라는 두 가지 차원에 근거하여 각 차원의 정도에 따라 총 네 가지 양육 유형을 제안했다. 그 유형은 권위적(authoritative: 높은 애정과 높은 통제), 독재적(authoritarian: 낮은 애정과 높은 통제), 허용적(permissive: 높은 애정과 낮은 통제), 거부적 / 무시적(rejecting / neglecting: 낮은 애정과 낮은 통제) 양육 형태로 나뉜다. 그의 연구에 따르면 권위적 양육 형태의 가정에서 자란 아이들이 가장 독립심이 높으며, 높은 자아 존중감과 또래 인기도를 보인다고 한다. 즉, 애정과 통제 둘 다 보여 주는 양육 방식이 가장 바람직하다.

생각해 보니 나는 허용적 엄마였다. 애정과 통제 둘 다 잘할 자신이 없었다. 사랑으로 아이들을 대하면 사회적으로 성공하기 어려울지는 몰라도 사람답게 성장할 수 있다고 믿었다. 엄한 엄마가 되기보다는 친구 같은 엄마가 되고 싶었다. 아이가 성장한 지금 보편적인 잣대인 학업 성적은 부족하지만, 내가 바랐던 모습에 가깝게 성장했다. 긍정적이고, 대인관계 좋으며, 신체적, 정신적으로 건강하다. 아직도 고민 상담을 하고 나에게 조언을 구한다. 어떤 면에서는 친구이자 인생 선배 같은 엄마다.

주변의 30~40대 동료들을 보면 자신을 감당하기도 힘든데 육아까지 해야 하는 상황이 너무 고되 차라리 모든 걸 포기하고 싶다고 한다. 하지만 붙잡고 마음 편하게 고민을 상담해 줄 선배도 별로 없다. 다들 너무나 바쁘게 살아가기 때문이고 적절한 조언을 해 줄 사람을 찾기도 어렵다. 종종 개인 상담이나 코칭을 하면서 치열하게 살아 온 내 경험을 공유하며 더 많은 후배들에게 도움을 주고 싶다는 생각을 했다.

일, 육아, 삶에는 정답이 없다. 하지만 고민은 있고, 그 고민을 해결하기 위한 노력과 경험은 나에게 고스란히 존재한다. 적어도 내가 경험한 일에 대한 태도, 삶의 열정, 육아 철학으로 후배에게 어떤 선택을 해야 할지에 대한 작은 실마리를 줄 수 있을 것이라 믿는다.

CHAPTER 4

내 마음은 어떻게 관리할까요?

CHAPTER 5

완벽하게 일을 처리할 수 있을까요?

CHAPTER 6

일과 삶을 대하는 태도

CHAPTER 1

나
잘 키우고 있는 것
맞나요?

결혼, 신혼 그리고 출산

빨간 장미꽃이 마음에 들었다. 남자 친구는 가끔 장미 한 송이를 선물했다. 사귄 지 1년쯤 지났을 때 "내가 준 장미꽃이 100송이가 되는 날 우린 결혼하는 거야."라고 말했다. 남자 친구의 최면에 걸려 나는 그렇게 해야 한다고 마음속으로 다짐했다. 그는 3년이 되던 해에 장미꽃 100송이를 채워 나에게 프러포즈했다.

결혼을 결심하고 처음으로 시부모님 되실 분께 인사를 하러 갔다. 그는 장남이었지만, 연애를 하는 동안 시부모님을 모셔야 한다는 이야기를 하지 않았다. 그가 부모님과 사는 집은 작은 마당이 있었지만 문틀은 낡아 페인트 색이 바랬고, 창문도 이가 맞지 않아 겨울에는 찬바람이 쌩쌩 들어올 것 같았다.

"안녕하세요? 어머님."

"어서 오세요. 집이 누추해서……."

시어머니 되실 분은 깡말랐고 얼굴에 깊은 주름이 가득했다. 사는 동안 그렇게 늙어 보이는 분을 만난 적이 없어 깜짝 놀랐다. 연로하고 건강하지 않으신 분들끼리 살게 하는 것은 큰 죄를 짓는 거라는 생각이 절로 들었다. 남자 친구는 부모님을 모시고 살아야 한다고 강력하게 주장하지 않았지만, 직접 뵙고 나니 함께 사는 것을 당연하게 느꼈다.

어른들 간의 형식적인 예물 교환은 어쩔 수 없었지만, 우리 부부는 서로의 예물을 특별하게 준비하고 싶었다. 프로그래머였던 우리는 아르바이트로 지인에게 프로그램을 개발해 주고 약간의 돈을 받았다. 젊음이 좋았을까? 함께 노력하여 번 돈으로 커플 시계를 샀다. 예물은 그게 전부였지만 다이아몬드 반지가 부럽지 않았다. 예물에 사용할 돈을 아껴서 집과 차를 사는 데 보탰다.

낡은 집에 신혼방을 꾸밀 수가 없어서, 직장생활하며 모은 돈과 대출을 받아 20평형 빌라를 구입했다. 방은 세 개였지만 거실이 매우 좁았고 화장실이 하나였다. 신축 빌라에 살아서 좋았지만 성인 4명이 하나의 화장실을 사용하는 것은 무리였다. 시아버지가 계시니 샤워를 하고서도 옷을 제대로 다 입고 나와야 했다. 날씨는 점점 더워지는데 반바지 입는 것조차 조심스러웠다.

빌라에 사니 쓰레기 분리수거도 불편했고, 층간 소음은 더 컸다. 2층에 살았는데 주말마다 1층에 사는 어린 학생의 오디오 소리가 우리집까지 쩌렁쩌렁 울렸다. 주차장이 협소해서 아침, 저녁으로 차를 이동해 달라는 전화가 끊이지 않았다. 하지만, 신혼이어서 그랬을까? 마냥 행복하기만 했다. 아이가 생기면 놀러 다니기 힘들까 봐, 남편과 주말을 이용하여 전국을 누비며 자동차 여행을 했다.

결혼하고 얼마 지나지 않아 아이를 가졌다. 남편이 서른 한 살에 결혼해서 빨리 아이를 가져야 한다고 생각했다. 당시는 남자가 서른 살이 넘으면 노총각이라고 했다. 임신을 하면 남편에게 투정을 부릴 수 있는 절호의 기회인데 입덧이 없어서 그러질 못했다. 그러던 어느 날, 고등학교 때 먹던 '벽돌집'의 밀면이 생각났다.

"나 고등학교 때 먹던 밀면이 너무 먹고 싶은데 어떡하지?"

"배불러서 힘든데 부산까지 어떻게 가? 좀만 참아 봐. 나중에 아이 낳고 한번 먹으러 가자."

밀면을 먹으려고 부산까지 갈 수는 없었다. 아이를 낳고 몇 년

이 지나 겨우 찾아가서 먹었으나 예전의 그 맛은 아니었다.

임신 10개월이 다가오자 갑자기 두려워졌다. 세상의 모든 엄마들이 존경스러웠다. 경험하지 못한 출산의 고통이 어떨지 짐작이 되지 않았다. 어떤 고통인지 알면 마음의 준비라도 할 텐데, 알 수 없는 고통을 겪을 생각을 하니 공포감만 몰려왔다.

"정말 대단해. 어떻게 아이를 다 낳았니? 아프지 않았어? 어떻게 아픈 거야?"

"뭐 그냥 호흡하라고 해서 시키는 대로 했더니 낳았지. 그래도 진짜 두 번은 못할 짓이다."

정말 출산의 경험은 뭐라 설명할 수 없다. 표현할 수 없는 극한의 아픔이다. 그럼에도 내 배 속에서 나온 아이와 처음으로 눈이 마주치자 모든 고통이 일순간에 사라졌다. 자신감도 생겼다. 출산의 고통도 견디어 냈는데 못할 일이 무엇이란 말인가?

다니던 회사에서 나는 처음으로 출산휴가를 내는 사람이었다. 새삼 놀랍지도 않았다. 난 직장생활을 할 때마다 '최초'를 붙이고 다녔다. 최초 대졸 여자 공채, 최초 여자 대리, 최초 여자 과장이었다. 여자 선배가 나보다 먼저 길을 닦아 준 회사에 다니는 게 꿈이었지만, 내가 늘 개척자였다. 요즘은 출산휴가 3개월에 육아휴직도 있지만 당시는 출산휴가 2개월뿐이었다. 인사팀장이 2

개월 동안 급여의 70퍼센트만 주겠다고 통보했다. 나는 그렇더라도 후배까지 영향을 미칠 결정에 동의할 수 없었다. 결국 노동법을 운운해서 100퍼센트를 받았다.

산후조리원이 없던 시절이라 집에서 산후조리를 했다. 나보다 먼저 시집오고 딸까지 낳은 손아래 동서가 산후조리에 도움을 주었다. 불편한 환경이었지만 우리 부부는 아이를 지극정성으로 돌봤다.

아이가 태어나니 남편은 걱정이 된 모양이었다. 여러 곳을 알아보더니 갑자기 나에게 땅을 보러 가자고 했다.

"아무리 생각해도 아이들은 흙을 밟고 자라는 게 좋겠어."

"갑자기 무슨 소리야?"

"내가 말이야. 방금 경기도에 땅을 보고 왔는데 진짜 좋아."

"무슨 경기도? 경기도로 이사 가자고? 싫어. 난 서울이 좋아. 멀어서 회사를 어떻게 다녀?"

"아니 경기도가 말이 경기도지 서울에서 딱 40분이야. 생각해 봐. 우리 애를 이 좁은 집에서 어떻게 키워? 그리고 밑에 집 눈치도 봐야 하는데. 매번 뛰지 말라고 말하면서 기죽이며 키울 거야? 화장실이 두 개 있는 전원주택으로 이사 가자. 많이 불편하잖아."

결정적으로 화장실 두 개에 넘어갔다. 다섯 식구가 하나의 화장실을 이용하는 건 무리였고, 여전히 나는 시아버지가 불편했다. IMF 외환위기가 오기 바로 직전, 1996년에 우리는 서울에 있는 모든 부동산을 처분하고 빚까지 져서 경기도 외곽에 땅을 사서 집을 지었다. 이듬해 외환위기로 20퍼센트에 육박하는 이자 부담을 치르면서 시골로 옮겼다. 지금은 시골에 가진 부동산을 모두 처분해도 서울의 작은 아파트 한 채 살 수 없는 어이없는 재테크인 셈이었다. 잘못된 타이밍과 위치 선정 때문에 시행착오를 겪으면서 우리는 그렇게 점점 어른으로 성장했다.

육아는 '어린아이를 기름'이라는 의미입니다.

올바른 육아란 무엇일까요? 육아의 성공 기준은 무엇인가요?

육아 성공을 위한 부모의 역할은 무엇인가요?

나 잘 키우고 있는 것 맞나요?

무엇이든 처음 배우는 건 참 어렵지요. 어린 시절로 한번 돌아가 볼까요? 생전 처음 자전거 탈 때 어땠나요? 혼자서 배웠나요? 아니면 부모님에게 도움을 받았나요? 혹시 누군가의 도움 없이 탈 수 있는 방법은 없을까요? 책이 완벽한 도구가 되어 줄까요?

중요한 건 자꾸 넘어져도 다시 일어나는 거죠. 그러다 균형 잡는 법도 스스로 터득하게 되겠지요. 부모라는 역할도 마찬가지예요. 책으로 공부할 수 있는 건 한계가 있죠. 미리 간접 경험을 해볼 수도 없잖아요. 처음 부모가 되다 보니 아이를 어떻게 키워야 할지 잘 모르니, 다른 집 아이와 비교하게 될 수밖에 없지요. 과연 내가 잘 키우고 있는지, 부모로서 역할을 잘하고 있는지 궁금할 수밖에 없죠.

제가 첫째 아이를 낳은 건 스물일곱 살 때입니다. 당시 대부분의 엄마는 그 나이쯤 첫아이를 가졌죠. 산부인과를 가도 그리 어린 나이의 산모가 아니었어요. 아이가 태어난 지 오일쯤 되었을 때 일입니다. 분유를 먹이고 트림을 시켜 봤지만, 아이가 계속 토하기만 하고 좀체 먹질 못하는 거예요. 너무 속상했어요. '말도 못 하는 이 어린 게 뭐가 불편해서 잘 못 먹나? 내가 어떻게 이 아이를 감당할 수 있을까?'라는 생각에 눈물만 났어요. 마침 집에 왔던 손위 시누이가 울고 있는 저에게 말했지요.

"아이가 아이를 낳았으니, 참."

얼마나 딱해 보였으면 그랬을까요? 스물일곱이면 어쩌면 어린 나이인데 말이죠. 그러니 제가 뭘 알았겠어요? 육아 백과에 있는 거 보고, 어른들 말씀 듣고 따라하는 정도였지요. 당시는 인터넷도 활발하지 않아 정보를 쉽게 얻을 수 없었어요. 모든 게 다 처음 해 보는 거라 잘하는 게 맞는지 조심스럽고 걱정이 많았어요. 그럼에도 어려움을 부부가 함께 겪다 보니, 의논하면서 배워 나갔어요. 그런 과정이 나름 재미있었습니다.

조심스럽고 간절한 마음은 둘째 아이가 생기면서 희석되었어요. 첫째 아이를 키울 때는 모든 것을 처음 경험하므로 무엇을 하든 시행착오가 많았어요. 그런데 둘째는 이미 첫째 때문에 많은 것을 경험했던 터라 하나도 어렵지 않았어요. 사람들에게 "둘째는 있는 듯 없는 듯 거저 키웠다."라고 말하기도 했거든요. 첫째가 태어나 처음으로 아팠을 때는, 제가 트림을 못 시켜 울었던 것처럼, 밤새 잠도 못 자고 뜬눈으로 아이를 지켰습니다. 차라리 내가 대신 아팠으면 좋겠다고 울며 빌었어요. 하지만 점점 시간이 가면서 무디어지고, 둘째가 아플 때는 약간의 여유가 생기더군요. 첫째는 아파지자마자 병원으로 달려갔다면 둘째는 경과를 지켜본 후 병원에 가는 식이었죠. 아무래도 처음 겪는 것보다는 두 번째가 덜 두려웠어요.

첫째는 아들이라 그랬는지 돌이 되기도 전에 잘 걸었고, 돌이 지난 후에는 바로 뛰어다녔어요. 둘째는 딸인데 돌이 되도록 걷지도 못했어요. 둘은 완전히 달랐지요. 딸은 걷는 것뿐 아니라 말이나, 먹는 거나 모든 면에서 늦되었죠. 그런데도 별로 걱정은 되지 않았어요. 대기만성을 염두에 두고 '때가 되면 걷겠지.'라고 생각했거든요. 어른들도 늦된 애들이 나중에 더 말도 잘하고 더 건강하다고 하셨고요. 실제로 시간이 지나니 해

결이 되었습니다. 말을 하기 시작할 즈음엔 말이 봇물 터지듯 나와서 제가 감당하기 어려울 정도였으니까요.

아이를 가졌을 때 처음엔 손가락, 발가락 다섯 개가 제대로 있는 아이가 태어나게 해 달라고 빌었어요. 아이가 태어나자 건강하게 자라기만 바랐죠. 시간이 가면서 분유를 적정량만큼이라도 먹었으면 소원이 없겠다고 생각했고, 목만 가누어도 참 좋겠다고 했어요. 밤에 깨지 않고 충분히 자면 부러울 게 없겠다고 생각하고, 빨리 뒤집게 해 달라고 빌었지요. 기어만 다녀도 참 좋겠다고 바라다가, 보행기에 앉을 수만 있다면 세상 부러울 게 없을 것 같았어요. 그러고는 빨리 걷기를, 빨리 달리기를 기대했습니다. 모든 부모의 바람이죠. 하나를 하면 그다음 것을 빨리하기를 기대하는 부모의 욕심은 끝도 없죠?

아이들이 어릴 때 밥을 너무도 안 먹어서 걱정이 많았어요. 정말로 매번 숟가락을 들고 다니면서 아이들 뒤꽁무니만 쫓아다녔죠. 아이들은 그게 놀이라고 생각했어요. 어떻게 하면 밥을 잘 먹게 할 수 있을까 고민도 많았어요. 다른 친구들 이야기를 들어 보니 돌 전에 녹용을 먹여야 한다고 해서 녹용도 먹여 보았으나 별 효과를 보지 못했어요. 그나마 마에 우유와 꿀을 넣어 갈아 먹이면 식욕이 돋는다고 해서 먹였더니 아들은 효과를 봤어요. 딸은 여전히 입이 짧았지요. 다른 사람들이 하는 대로 따라하는 게 꼭 정답은 아니더라구요. 밥을 많이 먹는 게 꼭 좋은 것도 아니고요.

아이들이 건강하고 잘 먹는 것에 부모는 늘 걱정이 많아요. 하물며 저희 부모님도 충분히 살찐 저에게 아직도 말랐다며 걱정을 하십니다. 아이들이 포동포동하고, 잘 먹고, 튼튼하게 자라길 바라는 것은 어느 부모나 다 같은 마음일 거예요. 하지만 너무 조바심을 가지거나 과하게 바라지 말았으면 합니다. 부모로서 충분히 환경을 조성해 주고 노력했는데도, 더는 사람의 힘으로 되지 않는 것을 억지로 바라는 건 욕심입니다. 아이에게 정말 필요한 것인지 부모의 욕심인지 한번 더 생각해 보세요.

둘째가 좀 늦되고 잘 못 먹었는데 큰 걱정이 되지 않았던 것은 첫째를 경험했기 때문입니다. 하지만 첫째가 없었다면요? 둘째가 첫아이였다면 걱정하고 고민했을 겁니다. 둘째는 그대로인데 부모의 경험치 혹은 사고의 기준 때문에 편하게 받아들일 수 있기도 하고 혹은 큰 고민이 되기도 하는 셈이죠. 어쩌면 우리는 너무 조바심을 내는지도 몰라요. 특히나 요즘은 아이가 하나인 경우가 많은데, 모든 게 생소하다 보니 그만큼 걱정도 커집니다. 모든 것을 처음 접하기 때문이지요.

조금만 멀리서 바라보면 어떨까요? 너무 걱정하는 건 아닐까요? 이 아이가 둘째였어도 이런 생각을 했을까요? 저는 가끔 우리 아이를 '남의 자식이다.'라고 생각하곤 했어요. 다른 집 아이들이 실수하면 귀엽게 보이는데 우리 아이들은 용서가 안 되죠. 다른 집 아이들이 밥을 잘 안 먹으면 나중에 더 잘 먹고, 더 튼튼하게 크려고 그러나 보다 생각하지만, 우리 아이들에겐 안달이 나죠. 다른 집 아이들이 하는 행동은 우리와 직접적인 관련이 없으므로 좀 더 객관화합니다. 하지만 이해당사자인 우리 아이들은 용서할 수 없는 거죠. 저는 초보 부모를 볼 때마다 늘 이런 조언을 해 줍니다.

"내 아이라 생각하지 말고, 옆집 아이라고 생각하고 키우세요."

기시미 이치로와 고가 후미타게의 《미움받을 용기》에서는 "아이를 누구와 비교하지도 말고, 있는 그대로 보고, 그저 거기에 있어 주는 것을 기뻐하고 감사하면 된다. 이상적인 100점에서 감점하지 말고 0점에서 출발하라."고 말합니다.

그렇습니다. 아이들은 존재 그 자체로 소중합니다. 그리고 저마다의 속도가 있습니다. 우리의 기준에서는 답답해도 아이

내부에서는 눈에 보이지 않는 활동들이 조금씩 일어나고 있습니다. 그러므로 성장 속도나 먹는 것 등을 다른 사람이 정한 '표준'이라는 것과 비교하지 마세요. 사랑으로 관심을 가지고 기다려 주세요. 충분한 환경을 제공하고, 바라보고, 사랑해 주는 것, 그것 말고 뭐가 더 필요할까요?

현재 여러분이 아이에게 바라는 것은 무엇인가요? 그 바람은 지금 이 순간 아이의 존재 그 자체에 집중한 것인가요? 아니면 다음 단계를 꿈꾸는 부모의 욕심인가요?

- 여러분이 가장 중요하게 생각하는 육아 원칙은 무엇인가요?
- 우리 아이를 다른 아이와 비교해 본 적이 있나요?
- 지금 당장 우리 아이에게 필요한 것은 무엇일까요?

결핍과 과잉 사이에서 아이를 어떻게 키워야 할까요?

우리 아이가 항상 최상의 환경에서 좋은 음식만 먹고 큰 걱정 없이 행복하게 살기를 부모는 바라죠. 그래서 어른들도 비싸서 먹지도 못하는 유기농 음식과 재료를 구비하여 아이에게만 줍니다. 아이가 감당해야 할 쉬운 일인데도 불구하고 부모가 기꺼이 대신해 줍니다. 무거운 가방을 들어 주기도 하고, 아이가 혼자서 해야 할 일인데도 부모가 도와주고 관여하고 대신해 주기까지 합니다. 저 역시 전혀 그러지 않았다고는 말을 못 하겠어요. 이런 과잉이 아이에게 도움이 될까요?

아이들에게 특별한 경험을 제공하려고 해외여행을 간 적

이 있어요. 호텔에 묵으면서 맛있는 음식을 먹고 편하게 즐기는 여행을 한 거죠. 전 어떻게든 아이들이 편하고 즐겁기를 바랐어요. 회사에서 회식하면서 맛나고 비싼 음식을 먹으면 부모님 생각보다 아이들 생각이 먼저 났어요. 가끔은 그런 곳에 아이들을 데리고 가서 맛난 음식을 먹기도 했죠. 전 아이들에게 충실한 엄마라고 생각했어요. 그런데 어느 날 아이가 어릴 때부터 최고만 추구하다 보면 점점 더 행복해지기보다 더 불행해질 수 있겠다는 생각이 들었어요. 저는 나름 무리를 해서 값비싼 호텔이나 식당으로 데려갔지만, 아이들은 그걸 당연한 일상으로 받아들입니다, 그다음 가는 곳이 예전보다 수준이 낮으면 만족스럽지 않죠.

어릴 때부터 최고급만 추구하면 그 이후의 삶은 충족되지 않습니다. 부모 세대에서 희생하고 노력하여 강남의 아파트에서 산다 한들, 재벌이나 모아놓은 재산이 없는 이상 아이들 세대까지 전해 주기는 어렵습니다. 아이가 과연 자신의 힘으로 그런 삶을 금세 누릴 수 있을까요? 부모가 어릴 때부터 제공한 안락하고 화려한 삶에 익숙하다가 자신의 삶을 꾸려나가는 때가 되면, 부모가 평생을 바쳐 이룬 수준을 바로 따라갈 수 없겠죠. 이미 과잉의 삶을 누린 아이는 스스로에게 실망할 가능성이 높아요. 얼마 전 제 아들도 비슷한 이야기를 하더군요.

"엄마, 내가 아이들 낳으면 엄마처럼 이런 환경을 내 아이에게 제공해 줄 수 있을까?"

갈수록 경제는 발전하고 경쟁은 치열해지는 상황에서 아이도 두려움이 클 겁니다.

2006년에 《30년 만의 휴식》의 저자인 정신과 의사 이무석 박사님의 세미나에 참여했어요. 그분의 책도 흥미롭게 읽었는데 세미나에서 들은 인상적인 내용을 알려드리려고 해요. 그분은 좋은 부모가 되기 위한 조건 중 하나로 아이에게 적절한 좌절Optimal Frustration을 느끼게 하라고 조언해 주셨어요. 아이를 과잉보호하지 말고 힘든 일을 거치게 해서 인격적 성장과 성취감을 스스로 느끼게 하라는 내용이었죠. 모든 걸 부모가 다 해 주다보면 의존도가 커져서 혼자 처리할 수 있는 힘이 약하겠죠. 아이가 힘든 상황도 겪어 보고 좌절도 해 봐야 면역이 생긴다는 의미죠.

전 적절한 좌절이라는 용어에 공감했어요. 그 이후 지금까지도 종종 그 용어를 떠올리며 강한 아이로 키우려 노력했어요. 때로는 아이가 힘들 때 이것이 아이에게 적절한 좌절이 되는 기회라고 생각하며 그 순간을 버티기도 했어요. 지인 중 한 명은 100평에 가까운 넓은 집에 살면서 아이가 너무 과잉을 느낄까 걱정되어 이런 대화를 가끔 한다고 들었어요.

"여보 우리 쌀이 다 떨어졌는데 어떻게 하죠?"

이 정도의 터무니없는 대화는 아이도 눈치채지 않을까요?

아들이 초등학교 3학년 즈음이었을까요? 배가 아프다고 데굴데굴 굴렀어요. 당시 경기도 외곽에 살던 저는 동네 병원에 갔는데 의사 선생님이 맹장염일 수 있으니 빨리 서울의 큰 병원으로 가라고 하셨어요. 아프다는 아이를 구급차도 안 부르고 제가 직접 운전해서 서울 큰 병원의 응급실에 갔습니다. 응급실에 전용 주차장이 있는 줄도 모르고 일반 병실 주차장에 주차를 했습니다. 사실 그때까지 응급실 한번 가 보지 않고 아이를 키운 건 기적에 가깝죠.

아들이 아주 어려서 처음 아팠을 땐 눈물을 흘리며 내가 대신 아프게 해달라고 했는데 많이 대담해진 거죠. 그러면서도 이 또한 적절한 좌절이라는 생각이 들었어요. 이런 아픔을 겪으면서 아들이 더욱 단단해질 거라 믿었어요. 아들이 군에 갔을 때도 마찬가지죠. 대한민국의 건강한 남자라면 다 겪어야 하는 군 복무를 당당하게 다녀온 아들이 자랑스러웠지 큰 걱정은 하지 않았습니다. 딸도 마찬가지입니다. 삼수를 하면서 열심히 학원을 다니고 있던 딸이 새벽에 배가 아프다는 겁니다. 아들만큼 아파하지 않아서 맹장염일 거라고 상상도 못했죠. 응급실이 있는 동네 병원에서 이런저런 검사를 하다가 입원하여 경과를 지켜보았지요. 호전이 되지 않아 CT를 찍어 보고서야 복막염인 걸 알았습니다. 의사 선생님은 꽤 오래 전부터 진행된 것이고 많이 아팠을 텐데 어떻게 참았는지 모르겠다고 했습니다. 제가 적절한 좌절을 많이 준 걸까요?

지금은 원하든 원하지 않든 대학을 갔지만 세 번째 수능을 치른 아이들을 위로하는 건 참 힘들었어요. 적절한 좌절이 아니라 엄청난 좌절이었거든요. 삼수의 노력과 시간을 단 하루만에 평가한다는 건 참 가혹했죠. 딸은 너무나 긴장한 나머지 문제가 제대로 보이지 않았다고 합니다. 그러니 결과도 평소보다 좋지 않았어요. 딸은 수능 후 울었고, 그다음 날은 한 끼도 먹지 않았습니다. 아이가 울고, 아무것도 먹지 않으면 부모의 마음은 더 찢어집니다.

"지금은 많이 힘들겠지만 지나고 나면 여러 가지 방법이 있다는 것도 알게 될 거야. 일단 논술에 집중하고 다른 방법을 찾아 보자. 그동안 고생한 시간과 노력이 아깝지만 그 과정 동안 후회 없이 공부했으니, 그것에 의미를 두자. 그런 노력과 투자가 미래에 또 어떤 도움이 될지도 모르니 너무 아쉽게 생각하지 말자."

적절한 좌절이 딸에게 또 다른 기회가 될 것이라 생각해서 메시지도 보냈지만 당사자의 아픔을 제가 어떻게 위로할 수 있을까요? 그나마 다행스러운 것은 논술시험을 치르고나서 딸의 기분이 조금 풀렸어요. 전 딸이 굳이 대학을 가지 않아도 된다고 생각했어요. 그래서 대학보다 1년 더 긴 5년의 시간을 약속했어요. 대학을 갈 수 있다면 좋겠지만 그게 아니라면 5년 동안 자신이 원하는 일을 찾아보고 배워 보고 시도해 보라고 했어요. 그동안은 어떻게든 제가 도와주겠다고 말했죠.

부모의 마음은 그런 것 같아요. 언제든 자녀에게 포근한 보금자리를 내어 주고 싶죠. 성경에 나오는 〈돌아온 탕자〉 이야기처럼 어떤 잘못을 하고 돌아와도 늘 관대하게 받아 주고 싶어요. 과하게 베푸는 것은 문제지만 때로는 위로도 필요하니까요. 솔직히 대학이 중요하긴 하지만, 공부가 적성이 아니라면 젊을 때 방황하면서 자신의 길을 찾아보는 것도 나쁘지 않아요. 오히려 대학을 졸업하고도 취업하지 못해 방황하는 친구도 많이 봤으니까요. 다만 이 탐색의 과정이 느슨하지 않고 게으르지 말아야겠죠. 그런 점에서 아이를 믿어 주고 응원하는 게 중요합니다. 지인의 자녀가 좋은 대학에 가는 것을 보면 부럽지만, 저는 이런 상황을 적절한 좌절로 받아들입니다.

두 아이 모두 풍족하지 않게 키우려 노력했어요. 어른이 되어 더 큰 행복감을 느끼길 원했으니까요. 학생 사이에서 인기 있는 유명 브랜드 의류나 신발도 거의 사 주지 않았죠. 너무 짠순이 엄마였는지도 모르겠지만 아이들은 비싸지 않아도 나름대로 패션 감각을 발휘합니다. 적절한 좌절과 함께 적절한 결핍도 필요하니까요. 공부만 제외하면 전 아이들을 잘 키웠다 생각해요. 건강하게 잘 컸고, 나이에 상관없이 친구도 많고, 밝고 긍정적이니까요. 무엇보다 어린이집부터 고등학교 졸업할 때까지 한 번도 무단결석하지 않고, 가기 싫다고 말한 적도 없었죠. 가출도 한 적이 없으니 감사하죠. 앞으로 더 행복하고 풍족하게 사는 건 아이들의 몫이라 생각해요.

- 우리 아이에게 최고의 것만 고집하지는 않나요?
- 우리 아이에게 과잉과 결핍 사이에서 어느 쪽으로 기울었나요?
- 우리 아이에게 제공한 적절한 좌절은 무엇인가요?

동기부여는 어떻게 할까요?

아이나 어른이나 동기부여는 참 어렵습니다. 스스로 동기가 부여되면 참 좋을 텐데 말이죠. 저는 자기계발서를 읽고 TED 영상을 보거나 멘토를 찾아가 동기를 부여받기도 하는데요, 여러분은 어떤 방법으로 동기 유발하시나요? 저는 어른의 동기부여 이야기를 한번 꺼내볼까 합니다.

기업교육을 담당하는 어느 강의 업체의 이야기입니다. 고객이 교육을 의뢰하면 그 기업에 맞게 강의를 진행합니다. 교육업체는 다양한 이력을 가진 강사들을 보유하고 있지요. 하지만 모든 강사를 기업이 선호하는 건 아니잖아요.

해당 기업이 선호하는 강사도 있고 그렇지 않은 강사도 있기 마련이지요.

어느 날, A강사에게 절체절명의 위기가 찾아왔습니다. A강사는 이미 여러 고객사로부터 강의 만족도가 낮다는 평가를 받았습니다. 이 고객사의 담당자도 A강사가 진행했던 강의에 만족하지 않았습니다. 하지만 마지막으로 한번의 기회를 더 주기로 했습니다. 이 고객사마저 등을 돌린다면 A강사는 일자리를 잃을 지경이었습니다. 담당자는 B팀장에게 A강사에 대해 마지막 경고를 내렸습니다.

"이제 마지막 기회입니다. 이번에도 강의 만족도가 낮으면 다시는 A강사를 우리 회사에 보내지 말아 주세요."

B팀장은 A강사에게 사태의 심각함을 알리고 이번 강의 만족도가 4.0을 넘지 못하면 영원히 그 고객사에서 퇴출당할 수 있다는 사실을 알려야 했습니다.

제가 B팀장의 입장이었다면 분명히 자초지종을 설명하고 몇 날 며칠 밤을 새워 준비하라고 있는 그대로 말했을 것입니다. 저는 B팀장이 A강사와 대화하는 것을 듣고 B팀장을 다시 보게 되었습니다. B팀장은 A강사에게 과연 뭐라고 말했을까요?

"그 고객사에서 몇 번 더 강의하는 게 중요한 게 아니야. 강의 실력이 형편없어서 잘리나 강의 평점이 낮아서 쫓겨나거나 별 차이는 없어. 하지만, 그만두더라도 강의를 만족스럽게 하고 관두는 게 낫지 않겠어? 원 없이 한 번, 네가 하고 싶은 대로 미친 듯이 강의를 해 봐."

참으로 의외였습니다. 보통은 혼내고 야단치기 마련이죠. B팀장은 다른 팀장과 달리 오히려 격려를 했습니다. A강사는 마음을 비우고 자신 있게 강의를 진행했습니다. 결과는 차치하더라도 A강사 나름대로는 편한 마음으로 진행하니 강의가 물 흐르듯 흘러갔다고 했어요. 간간이 강의장에서 웃음소리도 들렸습니다. 이번이 마지막이라고 몰아붙이기보다, 열정을 불러일으켜서 자신과 싸움에서 이기도록 하는 것이 동기부여라는 걸 깨달았습니다.

동기부여를 이론으로 정리해서 전달하는 것만이 리더십은 아닙니다. 최악의 상황에서 동기를 불러일으키는 커뮤니케이션 능력이 바로 리더십이 아닐까요. 리더의 말 한마디에 따라 구성원의 행동은 달라집니다. 구성원에게 열정을 불러일으키고 긍정적인 결과를 유도하는 말 한마디가 더 필요합니다.

직장 생활을 오래 한 저도 늘 부족함을 느낍니다. 배울 기회가 있어서 감사할 따름입니다. 저는 B 팀장 덕분에 새로운 접근법을 알았습니다. 돌려 말하지 않고, 있는 그대로 말하는 것이 최선이라고 생각했던 제 사고의 틀이 깨졌습니다. 이런 동기부여 방법은 자녀에게도 요긴합니다.

자녀가 공부하지 않는다거나, 반발할 때 몰아붙이고, 혼내기보다는 자녀가 알아서 행동할 수 있도록 소통해 보세요. 스스로 마음을 먹도록 동기를 부여하는 거죠. 리더의 역할과 부모의 역할이 다를 바 없습니다.

제 지인은 아이를 공부시킬 때 이렇게 동기를 부여한다고 합니다. 첫째, 엄마가 먼저 문제를 풉니다. 풀면서 일부러 문제 몇개를 틀립니다. 둘째, 엄마가 푼 문제를 아이가 채점하며 틀린 것을 엄마에게 설명합니다. 셋째, 아이는 엄마를 가르쳐주는 기쁨을 느끼고 엄마보다 우월하다는 자신감에 공부가 신나고 재미있어집니다.

"남을 가르치는 것보다 더 좋은 학습법은 없다."라는 점에 착안한 방법입니다. 초등학교 저학년까지는 학습량이 많지 않으므로 이 방법으로 재미있게 학습할 수 있어요. 부모가 일방적으로 아이를 가르친다는 기존의 생각을 벗어난다는 점에서 B팀장의 상황과 비슷하죠. 무엇보다 학습의 효과는 즐거움과 함께 극대화되기 때문입니다. 여러분만의 자녀 동기부여 방법을 만들어보면 어떨까요?

"너 공부 안 하면 인생 망쳐."와 같이 원하는 바를 강요하고 위협하기보다 아이들이 스스로 할 수 있게 하는 방법은 무엇일까요?

- 우리 아이는 무엇에 동기부여가 되나요?
- 우리 아이는 부모를 어떤 리더로 생각할까요?
- 리더로서 부모인 우리는 어떻게 행동해야 할까요?

아이를 어떻게 지도해야 할까요?

어른은 아이에게 늘 바른 행동과 태도를 강조합니다. 그렇다면 여러분은 바르게 살고 계신가요? 여러분이 세운 규칙을 스스로 잘 지키고 있나요? 아이와 함께 있을 때는 물론 지킬지도 모르죠. 솔직히 사람이 다니지 않는 밤길에서는 신호 위반을 하기도 하잖아요. 그것뿐인가요? 불법인 줄 알면서도 공짜로 인터넷으로 음악이나 영화를 다운로드한 적 있지 않나요? 심지어 컴퓨터 프로그램조차도 어둠의 경로를 이용하죠. 어떤 부모는 입장료 몇천 원을 아끼기 위해서 중학생 아이를 초등학생으로 둔갑시키기도 해요. 여러분은 어떤가요?

그러면서 아이에게는 "신호를 지켜라.", "약속을 지켜라.", "질서를 지키라.", "거짓말하지 마라."라고 말합니다. 아이가 조금이라도 잘못했으면 어른에게 "잘못했다고 말하라."라고 하면서, 어른들이 실수하면 자존심 때문에 아이한테 미안하다고 말하기를 꺼립니다. 항상 아이에게 "미안합니다.", "감사합니다.", "안녕하세요?" 같은 표현을 많이 하라고 알려 주지만, 정작 어른들은 자기 판단에 따라, 자존심에 따라, 내키는 대로 말하지요. 저도 그랬습니다. 좋은 부모가 되기 위해 가급적 아이들 앞에서는 바르게 행동하려고 노력했습니다. 바쁘고 급할 때는 가끔 원칙을 어겼습니다. 그럴 때마다 아이들은 혼란스러워하며 물었습니다.

"엄마 왜 신호 위반해? 빨간불이잖아."

그제야 정신을 차리고 부끄러움을 느끼곤 했습니다. 빨리 가서 집안일을 해야 한다는 생각에 아이들이 차에 있다는 것을 깜박했지요. 아이들이 있든 없든 바르지 않은 저 자신이 창피했습니다.

경기도 외곽에 살면서 큰아이가 중학교로 진학할 즈음에 고민이 컸어요. 시골 중학교를 보내는 것보다 대학까지 고려하여 빨리 서울로 이사하는 게 입시에 도움이 될 것 같았어요.

동생인 딸이 문제였죠. 초등학교를 2년 더 다녀야 할 딸을 서울로 전학시키려고 하니 걱정이 되었고 초등학교를 제대로 마무리 짓지 못하고 끝나는 게 걸렸어요. 무엇보다 딸의 생각이 확고했어요. 엄마와 같이 못 살아도 다니던 학교는 계속 다니고 싶다고 했으니까요. 친한 친구, 사랑이 넘치는 선생님, 단출한 시골학교의 정겨움이 딸아이의 발목을 잡았습니다. 그렇게까지 학교에 애정이 있는 줄은 몰랐어요.

저는 어떻게든 설득해 보려 했지요. 시골에서 못 해 본 것을 서울 가면 할 수 있다고 말하면 마음이 바뀔 거라 생각했어요. 새 아파트와 서울의 문화생활을 이야기하면 둘째도 솔깃할 거라는 계산이었죠.

"서울에 가면 수영도 배울 수 있고, 엘리베이터도 많이 탈 수 있어. 학교도 걸어서 다닐 수 있고 너네가 그렇게 하고 싶은 심부름도 다녀올 수 있어."

시골에 살다 보니 가장 불편한 게 문화센터가 없는 것이었어요. 다양한 교육을 해 주고 싶었는데 그런 곳이 없었지요. 어쩌면 그것도 부모의 욕심일 수 있어요. 다만 좋은 새 아파트로 가야 하니 약간의 대출은 필요하다고 사실대로 알려 주었죠. 그러자 둘째 아이는 더욱 확고하게 말했습니다.

"한번 시작하면 끝내고 싶어. 여기서 초등학교 다녔으니까 여기서 끝내고 싶어. 빚지는 것은 나쁜 거잖아."

이 한마디에 제 고민은 일순간에 사라졌어요.

저는 늘 아이들에게 "한번 시작하면 끝을 봐야 한다."라고 강조했지요. 꾸준하게 무언가를 못 하는 게 싫었으니까요. 그러면서 이번에는 제 입장만 생각하고 아이에게 "끝을 내지 말고 중단하라."라고 강요한 셈입니다. 원칙을 또 어긴 거죠. 아이에게는 원칙을 지키라고 하고선 제가 또 어기려 했습니다. 빚이 꼭 나쁜 것은 아니지만 분수에 맞지 않는 행동을 벌이려 했던 점도 부끄러웠습니다. 딸의 의견대로 딸이 초등학교를 졸업하고서야 서울로 이사했습니다. 딸에게 오히려 제가 배웠습니다. 여러분도 종종 아이에게 배우는 경우가 있으시죠? 부모도 아이와 함께 성장합니다.

올바른 육아란 무엇일까요? 육아의 성공 기준은 무엇인가요? 육아 성공을 위한 부모의 역할은 무엇인가요? 모두 어려운 질문입니다. 육아는 '어린아이를 기름'이라는 의미입니다. 여기서 '기른다'라는 '아이를 보살펴 키운다' 혹은 '사람을 가르쳐 키운다'라는 뜻입니다. 그러므로 육아의 의미를 '어린아이를 보살펴 키운다 혹은 가르쳐 키운다'로 볼 수 있습니다. 보살펴 키우는 건 가능하지만 가르쳐 키우는 것에는 많은 책임이 따릅니다. 양창순의 《담백하게 산다는 것》에서는 인간관계의 비법을 이렇게 말합니다.

> 사실 인간관계에 따르는 비법이 없지는 않다. '상대를 존중해 주고 경청하고 배려해 주기'가 바로 그것이다. 다만 비법이 통하지 않는 데에는 이유가 있다. 실천하기가 너무 어렵기 때문이다.

자녀와의 관계도 인간관계입니다. 자녀는 소유물이 아닌 존중해야 할 동등한 인격체이니까요. '아이를 존중하고 경청하고 배려해 주기'가 제대로 된 육아가 아닐까 생각해 봅니다.

- 우리 아이를 지도할 때 내가 부끄러운 적은 없었나요?
- 우리 아이를 동등한 인격체로 존중하고 받아들이나요?
- 부모의 역할은 무엇이라고 생각하나요?

아이의 미래는 어떻게 될까요?

드디어 딸의 거처를 확정했습니다. 딸은 고등학교 3학년 때까지 열심히 공부하지 않았습니다. 삼수까지 해보았지만 결국 지방대를 가게 되었죠. 학교 다닐 때 딸에게 저는 공부를 강요하지 않았습니다. 공부는 스스로 필요가 있을 때 하는 것이지 부모가 강요한다고 되는 건 아니라는 게 제 생각입니다.

초등학교 입학 전부터 엄마를 졸라 한글을 배운 것도, 매일같이 집에서 놀던 오빠가 어느 날 학교에 간다고 사라져 버린 바람에 떼를 써 한 살 먼저 학교에 입학한 것도, 다 제가 원해서였습니다. 방과 후 집에 오면 숙제를 다 하고 나서야 놀았던 것도 제 의지였죠. 전 부모님으로부터 "공부해라."라는 말을 들어 본 적이 없었습니다. 공부는 늘 제일 친한 친구였고 삶의 원동력이었죠. 그렇게 원해서 학습했기 때문에 전 공부의 효과를 누린 셈입니다.

그런 경험 때문에 아이들에게 공부하길 강요하지 않았죠. '언젠가 때가 오면 스스로 하지 않을까?'라는 믿음 때문이었죠. 불행히도 둘 다 고3까지 그때가 오지 않았습니다. 재수와 삼수를 하는 동안에는 절박해서 공부를 조금이라도 했는지 모르겠지만, 앞으로 공부가 아이들에게 삶의 기쁨으로 다가갈지는 모르겠습니다. 결론적으로 세상의 모든 부모가 바라는 인서울 대학에 다니는 자녀의 학부모는 저에겐 요원한 꿈이 되었습니다.

전 공부가 적성이 아니라면 대학에 진학하기보다 원하는 분야의 기술을 쌓거나 경험을 해 보는 게 더 좋을 거라 생각해요. 대학은 더 이상 아이들의 꿈을 펼칠 무대가 되지 못합니다. 그럼에도 아직 세상을 몰라서인지 아니면 또래의 평범한 삶에 묻어가고 싶어서인지 굳이 아이들은 대학을 가고 싶어 했어요. 저는 조언만 해줄 수밖에 없죠. 부모가 대신 살아줄 수 없는 아이들의 삶이니까 아이들의 의견을 존중했어요.

저 역시 제 의지에 따라 부모님으로부터 독립했어요. 반면 서울을 동경하여 부모님의 품을 떠나고 싶어 했던 제 모습과는 정반대입니다. 딸은 서울을 동경하고 저와 함께 살고 싶지만 어쩔 수 없이 제 품을 떠났어요. 그제야 늘 통화할 때마다 엄마가 아쉽게 했던 말이 절실하게 느껴집니다.

"딸이라고 하나 있는 게 너무 멀리 있어서 챙겨 주지도 못하고, 옆에서 살면 음식도 주고 맨날 볼 텐데……."

엄마에게 준 아쉬움을 이제 딸에게 돌려받는 걸까요?

30년 전 혈혈단신 서울에 올라왔던 때가 기억납니다. 가족 중 아무도 제가 서울에서 독립하는 데 도움을 주지 않았죠. 먹고살기조차 힘든 때여서 부모가 자녀의 삶에 그리 큰 관심을 기울이지 않았습니다. 전세를 구할 돈도 없었고 집에 부담도 주고 싶지 않아 저렴한 월세방을 구했어요. 회사 근처의 아파트였습니다. 독신인 주인 아줌마는 안방을 썼고, 방송국 작가 언니는 작은방을 월세로 사용했어요.

전 부엌 옆에 따로 있는 다용도실을 개조한 방을 썼어요. 방이 좁아서 누우면 발이 맞은편 벽에 닿았죠. 그마저도 책상 밑에 다리를 넣어야 했습니다. 부엌과 욕실도 함께 사용했죠. 가장 작은방을 사용하는 저는 그 집에서 가장 나약한 존재로 눈치도 많이 봤어요. 그래도 행복했습니다. 저만의 공간이 있고 서울에 사는 것만으로도 좋았어요.

제가 부모님으로부터 독립한 때와 같은 나이인 딸도 그때의 저만큼 신났습니다. 서울을 떠나 엄마와 멀어지는 것은 슬프지만, 처음으로 혼자만의 삶을 독립적인 공간에서 시작한 것입니다. 그 누구의 눈치도 볼 필요 없이 자신의 삶을 꾸려나가는 거죠. 그렇게 원했던 셀프 인테리어도 마음대로 할 수 있어요. 카펫도 사고, 티 테이블도 장만했죠. 프로젝트로 영화도 볼 수 있게 꾸몄습니다.

딸이 이사 가는 날 용달차를 불렀는데 생각보다 짐이 많았어요. 4년 이상 살 곳으로 가는 거라 딸의 모든 짐을 다 실어 보냈습니다. 이사 당일 짐을 풀어 정리하는 데도 한참 걸렸죠. 아침 9시에 이사를 시작해서 정리하고 집에 오니 밤 8시가 넘었습니다. 필요한 가재도구와 식자재를 사느라 마트도 서너 군데나 갔어요. 몇 년 전 아들을 독립시킬 때 장가보내는 것 같았는데, 이번에는 딸을 시집 보내는 기분이었죠.

보고 싶어서 어떡하냐고 물었더니 졸업하면 엄마와 같이 살 거라고 합니다. 과연 그런 날이 올까요? 저는 독립한 이후 직장 다니고 시집가다 보니 엄마와 영영 떨어졌습니다. 딸이 졸업하면 취업 준비를 할 것이고 직장도 다니고 시집도 가겠죠. 다시 서울로 온다면 같이 살 수도 있겠지만 지방에서 정착하면 더 이상 같이 살지 못할 겁니다. 그런 생각을 하면 마음이 짠해요.

딸이 내려간 뒤부터 가급적 매일 전화를 합니다. 전화라도 하지 않으면 연결고리가 끊어질 것 같아요. 함께 살면서 부족한 시간을 보내지만, 어떻게 사는지, 무슨 생각을 하는지, 늘 지켜봤었죠. 이제는 떨어져 있으니 어떻게 사는지, 무엇을 하는지, 뭘 먹는지, 하루하루는 잘 보내고 있는지 알 수가 없습니다. 그래서 매일 전화해야겠다 생각했죠. 그래야 근황을 알 수 있고 대화를 이어나갈 수 있으니까요. 대화마저 통하지 않는다면 너무 슬플 것 같아요. 그리고 하나 더, 같이 살면서 하지 않았던 새로운 말을 시작했습니다.

"사랑해."

왜 진작 이렇게 아름다운 말을 사용하지 않았을까요? 같이 살면서 잘 표현하지 않았어요. 가끔 큰마음 먹고 한 말은 있습니다. 그마저도 잊고 많이 하지 않았죠.

"사랑스러운 내 딸, 네가 너무 사랑스럽고 자랑스러워."

이마저도 자주 하지 않았으니 할 때마다 딸도 부담스러워했어요.

이제는 통화가 끝날 때 "사랑해."라고 꼭 말합니다. 오히려 멀어지니 자연스럽게 말이 나옵니다. 카톡 대화에서도 "사랑해."라고 씁니다. 그러면 마지못해 하트 이모티콘을 보내 주는 딸이 귀엽죠. 제가 쑥스러워 엄마에게 못하는 "사랑해."를 딸이 언젠가 저에게 자연스럽게 해 주는 날이 오면 좋겠어요.

이사 가고 일주일 정도 지나 딸이 셀프 인테리어 한 사진을 보내 주었어요. 제법 아늑하고 좋아 보입니다. 이렇게 전해 주고 싶어요.

"이제 다 컸구나, 우리 딸! 엄마보다 더 낫네. 엄마로부터 몸만 독립하는 게 아니라 네 삶도 온전히 독립하길 바래. 사랑한다. 보고 싶다. 내 딸."

- 우리 아이에게 얼마나 자주 사랑한다고 말하나요?
- 우리 아이가 어떻게 성장하길 원하나요?
- 우리 아이가 20대가 되어 독립한다면 어떤 마음이 들까요?

지나고 나니 후회되는 것은 없나요?

추억은 항상 아름답죠. 아마 저도 육아를 하던 젊은 시절에는 불평이 많았을 겁니다. 지금이야 지나고 나니 망각한 거겠죠. 아이가 준 기쁨만 기억에 남아 있을지도 몰라요. 이제 성인이 된 아이를 보면서 후회되는 게 있다면 무엇일까요? 딱 세 가지만 꼽아 볼게요.

첫째, 아이들이 무슨 일을 하더라도 스스로 실천해 볼 기회를 주지 못한 게 후회가 돼요. 이렇게 하려면 부모가 너그럽고 실수를 받아들이는 여유가 필요해요. 전 완벽주의자 성향이 있어서 부족하거나 잘못된 것을 참지 못하거든요. 한 번은 아이들이 서로 설거지를 하겠다고 다투었어요. 지금은 시켜도 안 하겠지만 그때는 설거지가 마냥 놀이 같았나 봐요. 방법을 알려 주고 아들은 거품질을 딸은 헹굼을 하게 시켰어요. 아들은 신나서 거품 장난을 했고, 딸은 그릇을 헹구면서 물을 바닥에 다 튀었어요. 부엌이 거품으로 가득한 물바다가 되었죠. 전 그 이후 아이들이 설거지를 못 하게 했어요. 제가 좀 더 인내심을 가지고 허용해 주었다면 아이들은 설거지를 즐거운 놀이와 추억으로 기억했을 텐데 좀 아쉽더라고요.

가급적 아이 스스로 문제해결을 하도록 많은 기회를 준 편이기는 하지만 그래도 약간의 아쉬움이 남아 있어요. 한 번은 딸아이가 포스터 과제를 완료해야 했는데 밤늦게까지 끝나지 않아 힘들어 했어요. 순간 제가 조금이라도 도움을 줘야 할지, 그냥 내버려 둬야 할지 고민했어요. 결국 핵심적인 부분은 딸이 맡고 저는 주변부를 칠해 주긴 했지만 결국 제가 어느 정도 도움을 준 셈입니다. 도움을 주고 안 주고가 중요한 게 아니라, 아이가 힘들 때마다 언제든 엄마가 도와줄 수 있다는 기대감을 심어 주는 게 교육상 좋지 못합니다. '내 일은 그 누구의 도움을 받지 않는다. 부모님도 마찬가지다. 스스로 해야 한다. 혹시라도 도움을 받는다면 감사한 것이다.'라는 생각을 가질 수 있도록 가이드 해야 할 것입니다.

둘째, 독서 습관을 길러 주지 못한 것입니다. 저는 공부를 많이 시키지 않았으므로 책이라도 충분하게 읽는 습관을 심어 줬어야 하는데 그렇게 하지 못해 아쉬움이 남습니다. 아이들이 무척 어린 시절에는 책을 읽어 주면 놀이처럼 좋아했어요. 구연동화처럼 책을 읽어 주면 까르르 웃곤 했죠. 그런데 같은 책을 열 번도 넘게 계속 읽어 달라고 하니 힘들고 짜증이 났어요. 퇴근하고, 밥 차리고, 집안 정리하느라 진이 빠지는데, 밤에 아이가 잠들 때까지 책을 읽어 주는 것은 중노동이었어요. 지금 생각하면 그런 중노동을 수행해야 했죠. 아이들에게 필요한 짧은 몇 년만 노력하면 되는데 그러질 못했어요.

그나마 다행스러운 점은 도서 대여 서비스를 활용한 것이에요. 초등학교 시절, 경기도 외곽에 살아 도서관에 다니기가 어려웠거든요. 아이 수준에 맞는 책을 일주일에 서너 권 배달받으면 장난감처럼 책을 읽고 가지고 놀았으니까요. 어린 시절에는 그렇게 독서습관이 잡히는 듯했습니다. 그러나 중학교에 가면서 책을 멀리하게 되었어요. 그렇다고 공부를 열심히 한 것도 아니었죠. 책을 읽으면 용돈을 준다거나 여러 가지 보상을 제시했지만 쉽지 않았어요. 부모가 책을 많이 읽으면 아이가 자연스럽게 따라 한다지만 우리 아이들은 그렇지 않았죠. 그래서 후회가 생깁니다. 나중에 아이들이 필요하면 스스로 읽는 날이 올까요?

셋째, 다양한 경험을 쌓지 못한 점입니다. 물론 나름 다양한 경험을 제공해 주려고 노력은 했어요. 여행도 많이 다니고 체험도 제법 했어요. 시골에서만 자란 아이가 서울에 적응 못 할까 봐 지하철을 혼자 타게 한 후 다른 지하철역에서 만나는 미션을 수행하기도 했죠. 소소한 경험은 주려 했지만, 직접 체험하고, 느끼며, 현지 사람을 만나 보는, 시야를 넓히는 여행을 많이 하지 못해 아쉬워요. 아이들은 캠핑카 체험도 하고 싶어 했는데 기회가 없어 못 했고, 배낭여행도 못 해 봤어요. 어떻게 하면 아이들이 편할까 고민하다 보니 좋은 호텔에서 맛난 음식은 먹어 보았지만 정작 현지인과 대화를 한다거나, 현지 체험을 충분히 겪는 여행을 못 해봤어요.

다시 육아를 한다면 이렇게 해 보고 싶어요. 뭐든 스스로 하게 하는 거죠. 답답하고 도와주고 싶은 마음이 굴뚝 같아도 여유 있게 지켜볼 겁니다. 집안이 책으로 가득하게 꾸밀 겁니다. 아이가 책을 읽어 달라고 하면 원하는 만큼, 목이 쉬도록 읽어줄 거예요. 공부는 하지 않아도 책은 충분히 읽게 지도할 겁니다. 가능하다면 책을 읽은 후 그 느낌을 함께 나눌 거여요. 고학년이 되어도 공부보다는 손에서 책을 내려놓지 않게 하고 싶어요. 일 년에 한 달 정도는 지방이나 해외에서 현지인처럼 살고 싶어요. 방학을 활용하면 가능하지 않을까요? 여러 환경에서 다양한 사람이 살고 있다는 것을 어린 시절부터 자연스럽게 익히게 하고 싶어요. 오직 한 가지의 정답이 있는 게 아니라 세상에는 다양한 삶이 있다는 것을 알게 하는 거죠.

- 우리 아이를 키우며 아쉽다고 느낀 것은 무엇인가요?
- 시간이 지나면 후회할지도 모른다고 생각되는 것이 있나요?
- 오늘부터라도 한 가지라도 바꾸고 싶은 것이 있다면 무엇인가요?

CHAPTER 2

시간 관리 전문가가 되고 싶어요

시골 현실 육아 이야기

자유기고가를 꿈꾸지는 않았다. 그냥 글 쓰는 게 좋았고, 글쓰기로 몇 번 이벤트에 당첨된 적이 있기에 혹시나 이 분야에 재능이 있는 건 아닐까 하는 막연한 호기심을 가졌다. 우연히 등록한 커뮤니티에서 번개를 한다는 공지를 보았다. 투잡스를 지원하는 1인 기업가 대표이사가 자유기고가를 꿈꾸는 사람을 대상으로 세미나를 진행한다는 내용이었다.

텔레비전을 보고 있는 남편 주변을 서성거리며 표정을 살폈다. 마침 남편이 좋아하는 기아 타이거즈가 이기고 있었다.

"있잖아, 나 미안한데 이번 주 토요일에 정말 가고 싶은 세미나가 있는데 가도 될까?"

"세미나는 왜? 무슨 세미나인데? 중요한 거야?"

주말은 유일하게 아이들과 놀아 줄 수 있는 때다. 아이 보는 일이 부부의 몫인데 내가 외출하게 되면 남편은 독박 육아를 해야 하니 눈치를 볼 수밖에 없다. 더군다나 토요일 모임이면 서울까지 가는 데 2시간 걸리므로 왕복 4시간과 사람 만나는 시간까지 고려하면 거의 반나절 이상이 날아간다. 모임 시간이 4시 30분이라 남편이 아이들 저녁을 챙겨야 해서 더 부담스러웠다.

"내가 자기 좋아하는 양념 장어구이 다 구워서 데워만 먹을 수 있게 해 놓을게. 어머니와 먹으면 되고. 아이들도 내가 볶음밥 만들어 놓을 테니 데워만 주면 안 될까? 대신에 청소는 내가 아침에 할게. 괜찮겠지? 고마워~엉."

갖은 아양으로 남편의 허락을 겨우 얻어 번개 모임에 참석한다고 댓글을 달았다.

토요일 오전부터 무척 바빴다. 일어나자마자 어머니 아침상 차리고, 일주일 먹을 장도 봐야 했다. 청소를 대신 하기로 했으니 청소기 돌리고 걸레질을 했다. 아이들 점심 먹이자마자 저녁 반찬으로 장어구이와 볶음밥을 만들었다. 정말로 1초가 아까웠다. 모든 준비를 마치고 후다닥 집을 나섰다.

명함을 많이 가져오라고 했는데 깜박했다. 회사에 들러 가져갈까 망설였다. 처음 만나는 사람들인데 명함도 없이 달랑 나가기엔 너무 예의가 없다고 생각했지만 시간이 빠듯해서 도저히 안 되었다. 할 수 없이 약속 장소인 강남역으로 바로 갔다. 7번 출구로 나와서도 한참을 걸어가야 하는데 토요일 오후라 사람들이 가득해서 계단 하나 오르기도 버거웠다. 출구에 나오자 마자 늦지 않으려고 헐레벌떡 뛰었다. 다행히 약속시간보다 15분 빨리 도착했다.

그 순간부터 나는 바보가 되었다. 약속 장소에는 단체 모임으로 예약한 모임 명단이 있었는데 내가 등록한 커뮤니티 이름이나, 글 쓰는 여자들의 모임, 혹은 자유기고가 세미나 등의 모임명이 없었다. 더욱 충격적인 것은 4시 30분으로 예약된 모임이 아예 없었다. 순간 강사인 1인 기업가 대표이사를 떠올리며 아무리 대표라지만, 약속을 지킬 줄 모르는 매너 없는 사람이라고 생각했다. 그래서 그를 만나면 사람이 적든 많든 예약을 꼭 하라고 알려 주고 싶었다.

그래도 이상했다. 4시 30분 모임을 찾는 사람조차 없었다. 혹시 모임이 취소된 건 아닐까 하는 불안한 마음이 들었다. 그런데 문제는 1인 기업가 대표의 전화번호를 몰랐다. 모임 장소의 전화번호만 적어 왔으니까. 전화번호부가 있길래 찾아보니 1인 기업가의 회사명이 없다. 할 수 없이 자존심을 다 버리고 남편에게 전화했다. 남편은 한참 만에 전화를 받았다.

"있잖아. 지금 뭐 해?"

"지금 바쁜데 왜 전화했어? 나 지금 고추밭에 농약 치고 있는데. 왜?"

"저기, 미안한데……."

"뭔데? 말해 봐? 바빠. 빨리."

"컴퓨터 잠시만 켜서 인터넷에서 커뮤니티 공지사항 좀 확인해 봐 줄 수 있어?"

"공지사항은 왜?"

"모임 장소가 혹시 바뀌었나 해서. 여기 아무도 없어."

"이그……. 기다려 봐."

찬 바람이 쌩하니 불었다.

"공지사항에 별다른 건 없고 여기 전화번호 있으니 전화해 보던가."

땀을 삐질삐질 흘리며 전화를 했다. 다행히 상대방이 전화를 받았다.

"저, 여기 오늘 4시 30분에 강남역에서 번개 모임 안 하나요?"

"아! 네 그거요. 취소되었어요. 원래 5명 이하로 신청이면 취소하는데요. 게시판 확인 안 하셨나요?"

이럴 수가. 번개 문화를 모르는 30대의 비극일까? 별 기대 없이 참여하는 번개 모임에 너무 큰 기대를 하고 간 내가 순진한 건가? 허탈한 마음으로 2시간 걸려 집으로 돌아왔다. 커뮤니티 사이트에 들어가 보니 번개 모임 취소 공지가 오늘 오전 시간으로 올라와 있다. 아무리 번개 모임이라지만 한 사람만 참석해도 진행해야 하는 거 아닌가? 아니면 처음 공지할 때부터 5인 이하로 신청하면 진행하지 않는다고 했어야 하지 않나? 그게 아니라면 신청한 사람한테 문자나 전화는 했어야지.

"뭐야? 모임이 취소된 거야? 빨리 왔네."

"응 그게, 그렇게 되었어."

"잘 좀 알아보고 다니지. 정신을 어디다 두고 다니는 거야?"

"아이들 밥은 잘 먹었어?"

자유기고가가 뭔지. 투잡스가 뭔지. 날 이렇게 우울하게 만드는 것인가? 불쌍한 우리 아이들. 겨우 주말이 되어야 놀아 주는데 오늘은 놀아 주지도 못했다. 피곤했는지 이미 잠들었다. 나도 피곤해서 일찍 자고 싶다. 아침부터 바쁘게 일했던 피로가 밀물처럼 몰려왔다. 볶음밥은 맛있게 잘 먹었을까? 내일은 오늘 못 놀아 준 것만큼 더 많이 놀아 줘야지. 그나마 다행스러운 건 명함을 가지러 1시간 거리의 회사에 다녀오지 않은 것이다. 그래 다행이다.

아이가 어릴 때는 만일 시간을 돈으로 살 수 있다면
사치를 부리는 것도 의미가 있습니다. 어떻게 시간을 돈으로 사냐고요?
시간을 줄일 수 있는 곳에 돈을 아끼지 말자는 의미입니다.

인생 관리를 도와주는 시간 관리 법칙은 없나요?

그동안 여러분 혼자에게 오롯이 시간을 투자했다면 결혼과 육아 때문에 달라진 일상에 많이 놀라셨죠. 혼자도 감당하기 어려웠던 시간을 이제는 배우자와 자녀에게 나누어야 하니까요. 몸이 열 개라도 모자랄 지경입니다. 여러분의 시간 관리는 안녕하신가요? 시간 관리에 관해 꼭 들려주고 싶은 이야기가 있어요. 저는 시간 관리에 도움이 되는 도구와 꿀팁을 제법 가지고 있는데요, 그중에서 가장 기본이며 제 삶의 중심이 되어 준 '지배 가치 이야기'로 시작하려 합니다.

회사에서 시간 관리 특강을 들은 적이 있어요. 강의 덕분에 하이럼 스미스의《성공하는 시간 관리와 인생 관리를 위한 10가지 자연법칙》이라는 책을 알게 되었어요. 책에서 시간 관리 법칙과 인생 관리 법칙을 알려주는데 시간을 관리하는 다섯 가지의 원칙은 다음과 같습니다.

1. 시간을 잘 관리하면 인생을 계획대로 끌어갈 수 있다.

2. 성공과 자기실현의 토대는 지배 가치다.

3. 일상에서 지배 가치에 따르면 마음의 평화를 얻는다.

4. 달성하기 어려운 목표에 도달하려면 편안한 상태를 벗어나야 한다.

5. 일일 계획의 수립과 실행은 집중력과 시간 활용도를 높여 준다.

왠지 시간 관리만 철저히 지켜도 인생이 순탄하게 흘러갈 것 같지 않나요? 여기서 중요하게 말하는 것이 지배 가치입니다. 지배 가치는 성공과 자기실현의 토대이며, 일상 활동에서 지배 가치에 따라 행동하면 마음에 평화가 찾아온다고 말하고 있어요. 도대체 이 지배 가치의 정체는 무엇일까요?

벤저민 프랭클린은 스스로 '내 인생에서 가장 우선순위에 있는 일이 무엇인가?'라는 질문에 고민했습니다. 절제, 침묵, 질서, 결단, 절약, 근면, 성실, 정의, 중용, 청결, 평정, 순결, 겸손이라는 덕목이 중요하다고 판단했죠. 자신의 삶을 13주 단위로 나누어 매주 한 개의 덕목에 집중했다고 합니다. 매주 집중해야 하는 덕목과 자신의 행동이 일치하도록 평생의 노력을 기울였어요. 이러한 벤저민 프랭클린의 행동은 현재의 프랭클린 다이어리의 시초가 되었습니다. 벤저민 프랭클린은 자신이 세운 덕목을 꾸준하게 따랐음에도 불구하고 죽기 전에 자신이 완벽하지 못했다고 고백합니다. 다행인 것은 노력 덕분에 좀 더 선량하고, 행복한 사람이 될 수 있었다고 회고했습니다.

지배 가치를 정하려면 '내 인생에서 제일 우선에 두어야 하는 것은 무엇인가? 가장 소중하게 여기는 것은 어떤 것인가?'라는 질문에 대답할 수 있어야 합니다. 지배 가치는 우선순위가 가장 높은 것이지만 이상과 현실에는 간극이 생기기 마련이지요. 속으로는 우선순위가 높다고 생각했지만, 실제 상황에서 다르게 행동하는 자신을 발견할 수 있어요. 이때는 지배 가치를 수정하거나 행동을 개선해 나갑니다. 그러면 마음의 평화를 경험할 수 있어요.

저는 아이들이 초등학교 들어가기 전에 이 책을 읽고 다음과 같은 11가지 지배 가치를 만들었습니다. 중간에 조금의 수정을 하면서 저만의 지배 가치를 완성했어요.

1. 현실에 충실히 따른다. 어떤 상황이 다가와도 현시점에서 할 수 있는 최선을 다한다. 어떤 일이 발생할 것인지 예측이 되더라도 현실로 다가오기 전까지는 현재 상황에 충실하게 따른다.

2. 어떤 상황이 오더라도 운명으로 받아들인다. 그런 상황은 나에게 주어진 새로운 도전으로 생각한다. 변화의 계기로 생각하고 긍정적으로 받아들인다.

3. 일보다 자기계발이, 자기계발보다 아이들이 우선이다. 단, 기간이 제한된 경우에는 우선순위가 바뀔 수 있다.

4. 어떤 가치를 치르더라도 요가를 한다.

5. 음식은 욕심의 대상이 아니다. 가급적 먹는 것을 포기한다.

6. 술과 TV는 끊는다. 백해무익이므로.

7. 책과 세미나 참석 비용은 아끼지 않는다.

8. 시간은 돈보다 소중하다(시간을 줄일 수 있는 곳에 돈을 아끼지 않는다).

9. 나를 인정해 주는 사람에게 보답한다. 고마운 사람에게 감사를 표시한다. 의리를 저버리지 않는다.

10. 나는 깨끗한 정신과 몸을 가진다. 나의 몸에서는 항상

향기가 나도록 한다.

11. 무리해서 저녁 늦게까지 공부하지 않는다. 아침에 6시에 일어나서 사전 준비를 하는 것을 원칙으로 한다.

저는 이렇게 나만의 지배 가치를 만든 후 수첩에 넣을 수 있는 크기로 출력해서 가지고 다녔습니다. 충돌되는 상황이 있을 때, 지배 가치를 보며 우선순위를 결정했어요. 신기하게도 마음이 편안했습니다. 기준이 있는 경우 따르기만 하면 되므로 의사결정이 편해집니다. 정해둔 지배 가치와 다른 행동을 하는 자신을 발견하면 지배 가치를 고치면 됩니다.

- 여러분만의 시간 관리 팁은 무엇인가요?
- 현재 여러분의 삶에서 가장 중요한 게 무엇인가요?
- 여러분의 지배 가치를 만들어 보세요.

개인의 삶과 육아 중 어떤 것을 먼저 해야 할까요?

'일보다 자기계발이, 자기계발보다 아이들이 우선이다. 단, 기간이 제한된 경우에는 우선순위가 바뀔 수 있다.'

앞에서 소개했던 제 지배 가치 3번의 내용입니다.

지금은 조금 바뀌었는데 이때는 아이가 어릴 때여서 아이의 우선순위가 가장 높았어요. 다음이 자기계발이고 일이 가장 낮았네요. 지금은 이 세 가지, 일, 육아, 개인의 삶이 거의 비슷한 우선순위를 차지하고 있어요. 일과 삶의 조화가 이루어졌다고 말해야 할까요? 아이가 어릴 때는 분명 우선순위가 아이에게 가야 해요. 보살핌이 필요하고 많은 시간과 노력이 필요하니까요.

예를 들면 이런 상황인 거죠. "주말에 생기는 소중한 시간을 어디에 쓸 거냐?"라는 질문에 대한 답입니다. 밀린 일을 해야 할까요? 자기계발을 위해 책을 읽어야 할까요? 아니면 평소에 시간을 가지지 못한 아이들과 놀이동산에 가야 할까요? 일이 밀려서 야근해야 하는 상황에서도 그리 급하지 않은 일이라면 고민이 되는 거죠. 조금 더 야근해서 일을 마무리하고 퇴근해야 할까요? 야근은 야근이고, 자기계발을 위해 세미나나 특강을 들으러 가야 할까요? 아니면 일단 빨리 집으로 가서 아이를 돌본 후 집에서 일해야 할까요?

지배 가치를 정해 두니 편했어요. 고민의 여지가 없었죠. 웬만하면 아이들을 먼저 배려했습니다. 그러고 시간이 나면 책을 읽거나 모임에 참여했어요. 솔직히 회사 일은 부끄럽지만 아주 열심히 하지는 않은 것 같아요. 정말 마감에 쫓기지 않는 한은 우선순위에서 밀렸죠. 궁극적으로 자기계발과 회사 일이 연결된 것이라 업무 평가는 나쁘지 않았죠. 아이들이 조금 큰 후에야 제 일에 열정을 발견하고 그제야 우선순위가 좀 바뀌었으니까요.

어린아이의 육아는 기간이 정해져 있습니다. 시간이 지나면 부모의 손이 좀 덜 가는 때가 반드시 옵니다. 언제쯤 어려운 육아의 고통에서 벗어날 수 있을까 괴로워하는 동료도 많이 봤어요. 정말 순간입니다. 아이가 어려 손이 많이 갈 때는 일 욕심을 살짝 내려놓기를 권합니다. 일은 나중에도 잘할 수 있지만, 어린아이를 돌보는 건 시간이 지나면 돌이킬 수 없으니까요. 아이가 성인이 된 지금 전 일과 개인의 삶에 더 매진하고 있어요. 솔직히 아이들이 어릴 때에 제 일 욕심은 지금보다는 적었어요. 그렇게 일과 삶은 기간을 두고 상호 조화를 이루도록 하는 게 방법 같아요.

아이와 어릴 때 보내는 시간이 절대적으로 부족해서 많이 걱정되죠? 아침에 잠시 보고 저녁에 야근하고 오면 아이가 잠들어 있는 경우도 많죠. 잠든 아이를 보며 미안한 마음도 들고, 이렇게 사는 게 맞나 하는 회의가 들 때도 있어요. 저 역시 아이들이 한참 예쁘게 재롱부리는 걸 많이 못 봐서 아쉬운 마음도 있어요. 그럴 때마다 이런 생각을 했어요.

"양보다 질이다."

아이와 충분히 많은 시간을 보내는 것도 중요하지만, 짧은 시간을 질적으로 충만히 보내는 게 더 중요하다고 생각했어요. 가끔 이런 적 있지 않나요? 휴일에 아이들과 시간을 많이 보내야지 결심합니다. 처음엔 좋죠. 오랫동안 시간을 같이 못 보낸 아이들에게 미안하니 이런저런 활동을 시도하죠. 함께 책도 읽고, 놀이도 하고, 맛난 음식도 만들어 주죠. 하지만 시간이 가면서 짜증이 몰려오고 인내가 바닥을 칩니다.

한 번만 읽어 주면 될 것 같은데 아이는 목이 아프도록 계속 같은 내용을 읽어 달라고 하죠. 정말 재미없고 지루한 놀이를 즐거운 척하면서 놀아 줘야 해요. 치워도 계속 어질러지는 방을 하루에 몇 번이나 청소해야 할지 모르겠어요. 잠시 한눈이라도 팔면 집안이 엉망진창이 되고, 형제자매끼리 다투고 울고불고하기도 하죠. 그러면 차라리 회사 가서 일하는 게 더 낫겠다는 생각도 들어요. 휴일엔 시간도 어찌나 빨리 가는지 돌아서면 밥때이고 밥 먹고 잠시 쉬면 또 다음 밥을 준비해야 합니다. 힘든 직장생활에서 잠시 쉼표를 찍고 가는 휴일에 아이들 뒤치다꺼리하느라 시간이 훌쩍 가 버립니다. 기쁨보다 짜증이 몰려오는 시간이죠.

직장을 다니지 않고 집에서 육아만 하는 분이 오히려 더 힘들 수 있습니다. 하루 종일 이런 생활을 반복하니까요. 물론 완벽하게 적성에 맞아서 잘 관리하는 분도 있어요. 적성과 능력의 문제라고 봐요. 집에서 육아와 살림을 잘하는 사람은 집에서 그 일을 하면 되고, 직장에서 다른 사람과 함께 일하는 것을 좋아하는 사람은 직장에 나가면 됩니다. 자신의 능력에 맞는 선택을 하는 거죠.

육아에 투자하는 시간도 중요하지만 그 질이 더 중요한 것 같아요. 짧은 시간 아이들과 보내지만 강렬한 사랑을 심어 주면 여운이 오래갑니다. 사랑한다 자랑스럽다 말하고 안아 주세요. 처음엔 어색할 수 있지만 매일 마음을 표현하면 사랑이 전달됩니다.

"아이들의 삶도 중요하지만 내 삶도 중요하다."

늘 제가 가졌던 생각입니다. 내가 스스로 자랑스럽고 행복해야 아이에게도 전염된다고 봐요. 모든 시간을 아이에게 쏟다 보면 자신의 삶은 어디에 있는지 공허하게 느껴지죠. 아이를 사랑으로 돌보면서 그 사랑을 자신에게도 전해 보세요. 물론 우선순위는 아이이지만 못지않게 자신의 삶도 중요하다는 말씀입니다.

당장은 아이들이 어려서 자신의 모든 것을 포기하고 아이에 집중하는 부모도 많지요. 책임감도 큽니다. 한때 저도 '제대로 키우지도 못할 아이를 왜 낳았나?'라는 생각이 든 적도 있었지요. 하지만 아이들이 다 크고 난 후에 껍데기만 남은 부모의 삶은 누가 책임지나요? 부모의 삶도 소중하지요.

이러면 어떨까요?

아이가 어릴 때는 무게 중심을 살짝 아이 쪽으로 옮기되 자신을 지켜 나가는 거죠. 아이가 성장해 나가면 그제야 무게 중심을 자신에게 가져오는 겁니다. 살짝 지켜오던 자신에게 무게 중심을 싣고 이제는 아이를 지켜보는 거죠.

- 여러분의 지배 가치는 무엇인가요?
- 현재 시점에서 일, 삶, 육아 중 우선순위는 무엇인가요?
- 우리 아이와 질적인 시간을 보내는 방법에는 무엇이 있을까요?

시간은 어떻게 만들어요?

'시간은 돈보다 소중하다.'

제 지배 가치 8번의 내용입니다.

일하는 부모에게 시간은 정말 소중합니다. 잠시라도 짬이 나면 아이와 함께 보내는 게 좋겠죠. 아이가 어릴 때는 만일 시간을 돈으로 살 수 있다면 사치를 부리는 것도 의미가 있습니다. 어떻게 시간을 돈으로 사냐고요? 시간을 줄일 수 있는 곳에 돈을 아끼지 말자는 의미입니다.

예를 들면 대중교통으로 여러 번 갈아타서 1시간 가야 하는데 택시를 타면 20분이면 갑니다. 그럴 땐 택시를 타고 절약한 시간을 아이에게 쓰는 거죠. 예전에는 아이들과 마트 가는 게 같이 놀아 주는 용도이기도 했는데 최근에는 인터넷 마트를 활용합니다.

한번 다녀오려면 외출 준비부터 장보기까지 시간과 에너지 소비가 크지요. 굳이 가족 활동이 아니라면 보다 효율적인 방법을 이용하는 게 시간을 만드는 방법이 됩니다.

주변 동료는 도우미 서비스도 잘 활용하더군요. 일하고 나서 집에 오면 피곤한데 청소하고 음식을 만들려면 시간이 오래 걸립니다. 몸이 피곤하니 아이와 대화를 하거나 놀아 주기보다는 힘들고 짜증이 날 수 있지요. 일주일에 두 번 정도만 도우미를 활용해도 큰 도움이 되니 고려해 봄 직합니다.

저는 남편도 남의 손 빌리는 걸 싫어했고 저 역시 사생활이 노출되는 게 싫어서 한 번도 도우미를 활용하지는 않았습니다. 오히려 저는 청소와 요리하기를 즐겼습니다. 가족을 위해 무언가를 한다는 것만으로도 행복했습니다. 여러분의 라이프스타일에 따라 결정하면 좋겠어요.

설거지 시간을 좀 줄일까 싶어서 식기세척기를 산 적이 있어요. 너무 갖고 싶은 품목 중의 하나였죠. 자리가 좁았지만 남편을 설득해서 스탠드형 식기세척기를 구매했습니다. 하지만 사용해 보니 저에겐 적합하지 않다는 걸 알았어요. 생각보다 시간이 많이 절약되지 않았어요. 가족이 많지 않다 보니 그릇 세 네 개를 식기세척기에 돌리는 게 좀 낭비라는 생각이 들었어요. 그래서 자주 사용하지 않았죠. 더군다나 사용하려면 음식물 찌꺼기를 물로 한번 헹구어 주거나, 밥풀 같은 것은 닦아서 넣어야 하니 그냥 손으로 하는 게 더 빠르겠다는 생각이 들었어요. 이제는 무용지물로 자리만 차지하고 있죠.

반면 드럼세탁기와 의류건조기는 대만족합니다. 우선 드럼세탁기는 삶은 빨래가 되니 아주 편리하죠. 영유아의 경우 의류를 삶아야 하는데 일반세탁기를 사용하면 손이 많이 갑니다. 저희 아이들이 어릴 때는 드럼세탁기가 없었어요. 그래서 매번 들통에 빨래를 삶아서 헹구는 것만 세탁기에 돌렸답니다. 아이 피부와 환경보호를 위해 일회용 기저귀를 쓰지 않고 천 기저귀를 삶아서 사용했거든요. 지금은 어떻게 그렇게 처리했나 싶어요. 똥 기저귀를 뜨거운 물로 헹구어 내고 일일이 다 삶아 빨았거든요. 그렇게 빨래하는 분이 아직도 있을까요? 당시 드럼세탁기만 있었어도 시간과 노력을 많이 줄였을 텐데 말이에요.

요즘 드럼세탁기로 편하게 사용하는 것은 걸레 빨래입니

다. 걸레를 세탁기에 돌리기가 찜찜해서 한때는 손빨래를 했었죠. 그러다 보니 시간도 오래 걸리고 팔이 너무 아팠어요. 지금은 막대에 물걸레를 끼워 바닥을 닦고, 걸레는 삶음 빨래 코스로 세탁기를 돌립니다. 삶아서 사용하니 걸레조차 깨끗하지요. 이렇게 문명의 이기를 사용하여 시간과 노동력을 절약합니다.

가장 만족스러운 것은 의류 건조기입니다. 사실 비용이 만만치 않아서 구매하기가 부담스럽죠. 백만 원이 훌쩍 넘으니까요. 저 역시 부담스러워서 월급으로 사진 않았어요. 과외로 수당이 생겨서 저를 위한 선물로 장만했지요. 이런 가전제품이 있어서 정말 감사해요. 여름 장마철에는 빨래를 돌리고 널어도 잘 마르지 않아 냄새도 나고 눅눅한 경우가 있지요. 건조기가 있으면 그럴 일이 없습니다. 그리고 세탁기 돌리고 일일이 건조대에 너는 수고가 덜어져요. 바로 건조기에 넣으면 뽀송뽀송하게 잘 마른 부드러운 세탁물이 나오니까요. 수건이 얼마나 부드러운지 세수할 때 마다 행복합니다. 이불도 털어주고 소독도 되니 신천지가 따로 없어요. 의류 건조기는 이제 생활필수품입니다.

비용을 치러서라도 시간을 절약할 방법을 찾으면서, 노동력을 줄일 수 있는 방법도 생각해 보세요. 노동을 하면 피곤하고 쉬어야 하는 시간을 뺏으니까요. 노동력을 줄이는 것 역시 시간 관리에 매우 중요합니다.

- 여러분이 시간을 돈으로 구매한 적은 언제인가요?
- 여러분의 시간과 노동력을 줄여 줄 서비스나 제품에는 무엇이 있을까요?
- 여분의 시간이 생긴다면 우리 가족과 무엇을 하고 싶나요?

시간 관리 전문가가 되고 싶어요

시간 관리는 쉽지 않습니다. 더군다나 직장과 육아를 병행하며 일하는 부모는 개인적인 시간을 보내기 힘들죠. 우리 모두에게 24시간이라는 시간이 주어지지만 우리는 항상 더 시간을 바랍니다. 저도 시간이 더 주어지면 좋겠다고 아쉬워하지만 절대 일어날 수 없는 일입니다.

어떻게 하면 시간을 효과적으로 활용할 수 있을까요? 빠듯한 일상에서 조금이라도 시간을 아껴 쓸 수 있을까를 언제나 고민했어요.

충분한 휴식으로 깨어 있는 동안 집중합니다

그런 적 있지 않나요? 뭔가 빨리 처리해야 하는데 집중이 안 돼서 주변을 맴돌다 시간만 보낸 경험이요. 시간만 낭비하고 하려던 일은 못한 거죠. 집중했다면 금세 처리할 수 있는 일인데 말이죠. 충분한 휴식을 하지 않은 상태에서는 일이나 육아에 집중하기 어렵습니다. 집중이 어렵다 보니 속도도 더디고 전체적으로 시간을 낭비하게 됩니다.

저는 깨어 있는 동안에 100퍼센트의 에너지를 충전해 둡니다. 충전된 에너지로 해야 할 일에 집중해서 재빠르게 처리합니다. 그러다 에너지가 떨어지면 잠시 휴식을 갖고 다시 집중합니다. 고등학교 3학년 때 삼당오락(세 시간만 자고 공부하면 대학에 붙고 다섯 시간을 자면 떨어진다)이 유행이던 시절에도 늘 7시간 이상 충분히 잤습니다. 덕분에 수업시간에 졸지 않고, 쌩쌩하게 듣고, 자습시간에도 집중해서 공부했지요. 그러면서 원하는 대학에 입학했습니다. 직장에 들어간 이후에도 야간 대학원을 다녔는데 그때 동기들은 일주일에 한두 번은 밤새워 과제를 준비했습니다. 저는 단 한 번도 밤을 새우지 않았습니다. 그런데도 과제를 도맡아 발표했어요. 저의 에너지 충전원은 바로 숙면입니다.

영유아가 있다면 숙면이 어려울 수 있어요. 새벽에 울기라도 한다면 일어나 달래야 하니까요. 지난 밤에 숙면을 못했다면 퇴근 후 10분이라도 잠을 청해 보세요. 약간의 휴식이 큰 힘이 됩니다. 가능하다면 부부가 교대로 밤에 아이를 돌보면 좋겠지요. 한 사람만 계속 숙면을 취하지 못하면 피로가 누적되니까요. 교대로 불침번을 서 보세요.

루틴을 정해 두고 따릅니다

크게 보면 앞에서 소개한 지배 가치와 같은 원칙인데요, 여기서는 소소한 루틴을 말씀드려요. 예를 들면, 출근할 때 입을 일주일 치 옷을 미리 정해 둡니다. 그러면 정신없이 바쁜 아침 시간을 줄일 수 있어요. 식단도 일주일 분을 미리 짜 두면 편하죠. 뭘 준비해야 할지, 어떤 재료가 필요한지 계획이 가능하니 식사 준비가 빨라집니다.

지금까지 우리 아이에게 적용하는 루틴 중 하나는 과일을 적당한 크기로 잘라 냉장고에 넣어 두는 것입니다. 항상 직장 일로 바쁘다 보니 일일이 과일을 챙겨 줄 수가 없죠. 그래서 언제든 냉장고에서 꺼내 먹을 수 있게 유리그릇에 담아 둡니다. 사과, 복숭아, 수박 등 제철 과일이 항시 구비되어 있습니다. 아이들은 학교에 다녀와서 간식처럼 과일을 먹었어요. 덕분에 아이들은 비타민을 충분히 섭취할 수 있었고, 지금도 과일을 즐겨 먹는 습관이 들었죠. 저 역시 많은 시간이 소요되지 않았어요. 미리 준비해서 냉장고에 넣어 두면 되고, 따라다니면서 먹으라고 잔소리할 필요도 없으니까요.

아이의 간식은 시간이 날 때 미리 준비해 두면 시간을 활용할 수 있어요. 저는 딸기를 설탕과 함께 조금씩 얼려 두었다가 아이가 더위를 느끼면 우유와 함께 갈아 주었어요. 셔벗 같은 생과일 슬러시가 금세 만들어집니다. 미리 준비해 두었기 때문에 여유 있게 사용 가능 한 거죠.

일정 관리 툴을 사용합니다

모든 일정을 정확하게 미리 알고 준비하면 문제가 없습니다. 중요한 가족 행사를 잊었다면 총체적 난국이죠. 저는 회사 일정은 아웃룩에, 개인 일정은 네이버 캘린더에 기록합니다. 네이버 캘린더는 웹과 모바일로 조회가 가능해서 편리한데, 특히 범주를 색상별로 정할 수 있어서 좋아요. 일정 색상으로 어떤 분야의 약속인지 직관적으로 알 수 있어요.

예를 들면 개인 일은 황색, 가족 일은 연두색, 기념일은 남색, 잠정적인 일정은 회색, 저녁 약속은 미색, 회사 일은 초록색으로 설정해서 사용하죠. 기념일의 경우, 연간 반복이 가능하고 음력까지 설정이 가능합니다. 가족의 생일, 제사 등 중요 행사를 놓치지 않고 확인할 수 있어요.

저는 하루에 몇 번씩 캘린더를 봅니다. 다음 날, 일주일, 한 달 후의 일정을 미리 점검하면서 사전에 준비해야 할 것을 확인하죠. 시간적 여유가 있는 날은 밀린 일이나 해야 할 일을 계획하죠. 자신의 일정을 정확하게 알아야 계획도 가능합니다. 여러분도 일정관리 툴을 적극 사용해 보세요.

시간 관리에서 무엇보다 중요한 것은 부담과 스트레스를 내려놓는 것입니다. 스스로 잘 하고 있다고 위로해 주세요. 모두 이런 고민을 합니다.

'나만 바쁘게 정신없이 사는 건 아닐까?'

'나 정말 제대로 잘하고 있는 것 맞나?'

할 일이 많다는 생각 자체가 스트레스를 부릅니다. 시간 관리를 잘하고 있으면서도 스스로 자책하죠. 실제 해야 할 일은 생각보다 많지 않습니다. 제대로 알지 못한 상태가 더 두렵고 걱정스럽죠. 부담만 가지지 말고 얼마나 시간이 필요한지 정확하게 확인하는 게 중요해요.

부담을 내려놓아 보세요. 걱정하는 일은 실제로 잘 일어나지 않고 마음을 정하면 시간이 알아서 생긴답니다.

- 여러분은 충분한 휴식을 취하며 일상에 집중하나요?
- 여러분이 사용하는 육아 루틴은 무엇인가요?
- 여러분이 사용하는 일정 관리 툴은 무엇인가요?

마감이라는 마법이 있나요?

어떤 일을 하든 마감이 있어요. 정해진 시간 내에 결과물을 만들어 내는 것이 마감입니다. 프로그래밍을 한다면 에러가 없는 완성도 높은 프로그램을 개발해서 고객에게 전달해야 하는 마감이 있고, 교육 프로그램을 개발하여 납품하는 프로젝트를 한다면 완성도 높은 교육 콘텐츠를 만들어 정해진 시간 내에 넘기는 것도 마감입니다. 제출하기로 약속한 일을 정해진 시간 내에 완성하고 고객에게 전달하는 것이 마감을 지키는 사람의 자세입니다.

촉박한 마감 일정에 쫓기는 것은 직장인의 숙명일지도 모르겠어요. 소프트웨어 프로젝트는 마감 기한이 계약서에 명기되어 있습니다. 고객과 상의하여 일정을 정한 것이니 무슨 일이 있어도 기한을 지켜야 합니다. 만약 못 지킨다면 계약서에 서명한 대로 막대한 '지체 배상금'을 물어야 할지도 모르기 때문이죠.

'마감하다'라는 동사는 하던 일을 마물러서 끝내다, 라는 뜻을 가지고 있어요. 마감은 사람을 고통스럽게 하죠. 게으름에 취한 영혼의 눈을 번쩍 뜨게 하고, 산만했던 정신을 하나로 모읍니다. 멀기만 했던 일정이 언제 이렇게 턱밑까지 밀려들어 온 것인지 침이 바싹 마르죠. 마감이 다가오면 시간 축에 비례해서 완만한 곡선으로 증가하던 긴장 곡선이 마감일 직전에 최고조로 상승합니다. 재미있는 것은 마감이 다가오면 없던 힘과 능력이 솟아난다는 것이죠. 이런 상황을 일부러 즐기는 건 아니지만 마감의 위력을 느낀 경우가 있어요. 마무리가 제대로 되지 않아 누군가에게 비난받을 상황을 예측해 본다면, 일에 집중하지 않을 수 없을 것입니다. 미리 준비해야겠지만 사람 마음이 늘 뜻대로 되는 건 아니잖아요. 그래서 우리가 힘든 거죠.

머릿속에 마감을 지켜야 한다는 압박감, 중압감이 가득합니다. 제대로 해내지 못할 최악의 경우를 상상하며 긴장감을 늦추려 하지 않죠. 내면에게 경고의 신호를 보내는 것입니다. 그럼에도 사람은 쉽게 잊고, 게으른 상태로 돌아가고자 하는 본능이 있어요. 어떤 사람은 스스로를 책망하기도 합니다. "나는 일정을 못 지킬 거야.", "난 절대 해낼 수 없어." 와 같은 자괴감에 빠진 나머지 정작 시간이 충분히 남았음에도 불구하고 아무런 행동도 하지 않습니다. 아니, 시작도 하지 않고 날짜만 세죠. 패배감에 사로잡혀, 열려 있는 가능성의 문을 잠가 버립니다. 애석하게도 시간은 그 사람을 서서히 갉아먹다 완전히 잠식해 버립니다. 그리고 마감은 곧 찾아오고 프로젝트든 무엇이든 망합니다.

저는 긴장감을 역이용해요. 적당한 긴장감은 업무 생산성을 올리기 때문입니다. 일단 시간 관리를 철저히 하도록 내면을 단련시킵니다. 마감 시간이 약 일주일 정도 남아 있다고 가정해 볼게요. "음. 아직 시간이 충분하네, 조금 여유 부려도 되겠어." 와 같은 낙관론보다는 "그래, 일주일 남았으니깐 3일 동안 집중해서 일을 끝내고, 나머지 3일은 보완하는 데 시간을 할애하자."라고 생각하는 거죠. 신기하게도 인간의 뇌는 주문하는 대로 움직입니다. 적당히 하자고 명령을 내리면 뇌도 그

바람대로 여유를 부립니다. 긴장을 무장하여 조금 빠릿빠릿하게 행동하자고 명령하면 뇌는 역시 그 바람대로 행동합니다.

마감은 인간의 집중력을 극대화합니다. 성능이라는 단어를 들여다보죠. 우리는 일상에서 가성비, '가격 대 성능 비'라는 말을 흔히 씁니다. 쇼핑할 때 우리의 선호도는 가격은 저렴하지만, 최대의 성능을 내는 상품을 좇지요. 어쩌면, 인간이야말로 높은 성능을 내야 할 자본주의의 상품이 아닐까요? 우리는 누군가에게 고용된 지적 상품입니다. 항상 높은 성능을 내야 하는, 그래서 고객이 원하는 수준을 반드시 보장해 주어야 하는 목적물인 셈이죠. 우리는 높으면서도 안정적인 성능을 내야 합니다. 그러기 위해서는 남은 시간 동안 최대한 집중해야 합니다. 집중력을 잃게 되면 만들어야 할 상품의 가치는 질적으로 떨어지고 말 테니까요.

마감을 생각하면 저는 다른 것을 고려하지 않습니다. 일단 제 머리가 동시에 이것저것을 처리할 만큼 스마트하지 않으며, 컴퓨터의 CPU처럼 일을 쪼개는 정교함도 없기 때문입니다. 한 가지에 집중하면 뇌 속에는 다른 일이 치고 들어올 틈이 없죠. 마감에 집중해야 할 일 이외에는 모든 것을 무시합니다. 뇌는 현재 제가 집중적으로 분석하고 처리 중인 일 이외에는 모두 필터링합니다. 뇌는 이미 충분히 과부하 된 상태이기 때문이죠.

일도 그렇지만 전 박사 논문을 쓰면서 마감의 마법을 경험했어요. 2년 동안 지지부진하게 작성하던 논문을 2차 심사 마감일을 앞두고 한 달 동안 수정했던 것과 비교해 봤어요. 오히려 마감을 앞두고 있던, 한 달 동안 더 질적으로 완성도 높은 결과물을 만들어 냈어요. 마감이 기적을 만들어 낸 것이죠.

직장생활 역시 마감의 연속입니다. 마감을 하나 끝내면 또 다른 마감이 기다립니다. 인생은 어쩌면 매일 마감하며 사는 것일지도 모르겠어요. 마감을 지켜서 고객에게 만족을 안겼을 때, 물론 희열감이 찾아오기도 합니다. 그 맛에 우리는 일을 하는 것입니다. 그 결과로 돈이 주어지기 때문에, 그 맛에 취해 일하는 것일지도 모르지요.

- 마감의 마법 덕분에 제시간에 마무리한 경험이 있나요?
- 집중력이 높이기 위해 여러분이 사용하는 방법은 무엇인가요?
- 마감을 기준으로 일정을 계획해 본 적이 있나요?

CHAPTER 3

육아도 하면서 친구와 관계를 유지하고 싶어요

시골에서 아이들 키우기

둘째 아이의 2학년 담임이었던 이 선생님은 당시 학년이 끝나고 난 후 다른 학교로 전근을 가셨다. 늘 다정하고 유머가 풍부한 선생님이었는데 더 못 뵌다니 아쉬웠다. 전근 갔던 선생님은 학생들이 보고 싶어서, 아이가 3학년 특기 적성 프로그램 발표회를 할 때 학교를 방문하기도 했다. 우리 아이뿐 아니라 아이 반 학생들은 떠나셨던 선생님을 다시 만나 기뻐했다.

그 일이 있고 난 뒤, 어느 날 딸이 나에게 편지 하나를 건네주었다.

존경하는 OO초등학교 학부모님께

9월 첫째 날 비가 옵니다. 그동안 안녕하신지요?

1년 반 전에 OO초등학교를 떠나갔다가 교감으로 승진하여 다시 돌아

온 이OO입니다. 저는 이번에 갈 수 있는 학교가 여럿 있었지만 제가

자원해서 OO초등학교로 오게 되었습니다.

늘 가슴속에 그리며 살아온 그림처럼 아름다운 학교였으니까요.

OO초등학교에 다시 오고 싶은 세 가지는

첫째는 아름다운 학교가 좋아서입니다.

나는 OO초등학교처럼 아름다운 학교를 보지 못했습니다.

둘째는 우리나라에서 가장 착한 어린이들이 있어서입니다.

맑은 눈망울 속에 무한한 가능성이 빛나고 있습니다.

셋째는 학교를 사랑해 주시는 좋으신 학부모님들이 계셔서입니다.

학교를 아껴 주시고 어려운 일에도 동참하시는 따뜻한 학부모님들이

계시기 때문입니다.

훌륭하신 교장 선생님을 모시고 열심히 하겠습니다.

많은 지도와 편달, 그리고 관심을 부탁드리오며 틈나는 대로 찾아뵙고

인사 올리겠습니다.

9월 1일 가을비 오는 날 오후 이OO 올림

텔레비전에서 국제중, 특목고 진학을 위해 대치동, 목동 학원가에서 무슨 일이 일어나고 있는지 본 적이 있다. 인터뷰를 했던 한 엄마는 초등학교 2학년부터 시작해야 하는데 5학년부터 시작한 게 너무 늦은 것 같아 안타깝다고 했다. 영어 유치원으로 시작해서 국제중, 특목고를 거쳐 해외 명문대나 국내 대학을 가는 귀족 엘리트의 삶을 보여 주는 프로그램이었다. 초등학교 때부터 놀이와 낭만, 흙과 물을 잘 모르고, 창문조차 없는 숨 막히는 학원에서 10시간 이상 앉아 공부하는 아이들. 그 프로그램에 나왔던 사람들은 우리와 다른 세상에 살고 있었다.

1997년 내가 살던 경기도 외곽에 있는 시골은 버스가 없어 출퇴근도 불편하고, 문화생활은 말할 것도 없이, 변변한 구멍가게 하나 없는 곳이었다. 옆집을 가려 해도 100미터를 걸어가야 할 만큼 인적이 드물었다. 밤이면 반딧불이가 반짝거렸고, 밤하늘에 별이 쏟아졌다. 비 오는 날이면 개구리 울음소리에 잠을 이루지 못했다.

아이가 어린이집에 가야 할 나이에도 제대로 된 보육 시설이 주변에 없었다. 그야말로 아이를 봐 주기만 하는 탁아소 같은 곳만 있었다. 아이에게 사회성과 인성을 지도할 전문적인 어린이집을 찾으러 먼곳까지 돌아다녔다. 어렵게 찾은 어린이집은 셔틀

버스로 한 시간 이동해야 했다. 여섯 살 어린 나이에 매일 왕복 두 시간 버스를 타고 다니는 아이들이 안쓰러웠다. 다행히도 그곳은 자연과 함께하는 어린이집이었다. 밭에서 직접 가꾼 감자, 고구마, 오이로 급식을 했다. 우리 아이들 둘은 친자식처럼 아이를 돌보는 선생님들의 사랑을 듬뿍 받고 어린이집을 졸업했다.

○○초등학교는 아이들이 다녔던 어린이집보다 더 사랑이 넘쳤다. 시골에 있는 작은 학교로 한 학년에 한 반으로만 구성된 단출한 학교였다. 한 반에 20여 명으로 구성되어 전교생은 120명 정도였고 선생님은 일곱, 여덟 분만 있었다. 입학식에 갔을 때 교장 선생님이 전교생을 다 알아서 이름을 부르는 것을 보고 깜짝 놀랐다. 교장 선생님은 입학식에 참가한 모든 학부모에게 직접 차를 대접했다.

큰아이가 개성이 강하고 고집도 있었는데 여러 선생님의 관심을 받다 보니 많이 온순해졌다. 둘째 아이도 선생님과 친구를 너무나 사랑하고 만족했다. 가끔 가족여행으로 결석을 해야 하면 아이들은 가족여행보다 학교에 더 가고 싶어했다.

학생 수가 적은 학교여서 경기도에서 재정 보조를 받아 학교 시설이 남부럽지 않았다. 교실마다 에어컨과 텔레비전이 있었고, 인라인스케이트장에 골프 연습장까지 있었다. 도서관도 최근에

증축했다. 거의 무료에 가까운 비용으로 영어, 축구, 탁구, 컴퓨터, 플루트, 사물놀이 등 다양한 특기 적성 프로그램도 참여할 수 있었다.

선생님이 학생에게 많은 관심을 보였다. 그런 이유로 몸이나 정신이 불편한 학생이 찾아서 전학을 오기도 했다. 도움이 필요한 친구를 옆에서 보고 생활하면서 우리 아이들은 배려하는 삶을 배웠다. 아쉬운 점은 집에서 학교까지 걸어서 통학할 수 없는 거리였는데, 스쿨버스가 없어서 불편했다. 맞벌이여서 매일 출근길에 학교에 내려 주었다. 서울로 출근하는 거라 아이들은 새벽부터 학교에 갔다. 아이들은 그 누구보다 가장 빨리 학교에 가는 학생이었다. 저녁에는 늦게 퇴근하다 보니 아이들은 학원차로 귀가해야 했다. 어린이집부터 다져진 승차 실력은 6년 동안 더욱 발전했다.

떠났던 선생님이 일부러 학교를 찾아와 주었다는 편지를 받아서 감사했다. ○○초등학교는 학생, 학부모만 사랑하고 만족하는 학교가 아니었다. 선생님도 자연 속의 학교, 순박한 아이들이 있는 ○○초등학교를 진심으로 사랑했다.

텔레비전에서 보았던 대치동의 학생만큼 열심히 공부시키지는 못했다. 우리 아이들은 밖에서 노느라 검게 그을렸고, 운동을 좋아했고, 계곡에서 물놀이를 즐겼다. 오롯이 제 나이의 권리를 누린 셈이다. 그게 바로 우리 부부가 바라던 아이들의 삶이었다. 그래서 어린 시절 공부를 많이 시키지 못한 것에 대한 후회는 없다. 아이들은 그 나이 때 자신에게 필요한 삶을 온전히 누렸다.

커뮤니케이션은 상대의 마음을 여는 것으로 시작합니다.
짧은 만남이든 긴 만남이든 커뮤니케이션에서 가장 중요한 것은
존중과 배려입니다.

사람들과 진실한 관계를 맺고 싶어요

A는 기술 부서 인력을 담당하는 중요한 이해관계자입니다. 특정 기술과 관련한 교육을 하려면 A의 도움이 필요하죠. 그는 제 일을 도와주는 지원자가 될 수도 있고 방해자가 될 수도 있어요. 제가 아무리 기술 교육을 하려고 해도 A가 반대하면 쉽지 않기 때문입니다. A는 아주 바쁜 사람이어서 미팅조차 하기 어려웠어요. 점심시간까지 그의 아웃룩 일정은 꽉 차 있었죠. 일부러 다른 사람과 미팅을 하지 않겠다는 표시인지 아니면 모든 시간에 미팅이 있는 건지 알 수가 없었죠.

회사에서 다른 부서와 일을 하다 보면 세 가지 부류의 사람을 만납니다. 첫째는 어떻게든 일이 되도록 아낌없이 지원하는 사람입니다. 이들은 내 일, 남의 일을 가리지 않아요. 일단 일이 제대로 되는 게 중요하죠. 저 역시 이런 부류인데 경험상 회사에서 10~20퍼센트가 이 부류에 속합니다. 주변에 이런 사람들이 많다면 축복받은 인생이죠.

두 번째 부류는 적극적이진 않지만, 업무에 문제가 되지 않을 정도로 지원하는 사람들입니다. 약 60~70퍼센트의 사람이 해당하죠. 이들은 정확한 가이드라인과 마감일을 정해 주면 불평 없이 지원해 줍니다. 이런 사람도 도움이 됩니다. 관리만 잘한다면 큰 문제는 없죠.

가장 다루기 어려운 유형이 세 번째 부류입니다. 부정적인 유형으로 마감을 지키지 않거나, 상사가 시켜야 겨우 하거나 혹은 전혀 도움을 주지 않고 불평만 하죠. 약 10~30퍼센트의 사람이 그랬어요. 이런 유형의 사람을 어떻게 설득하여 함께 일을 추진해 나가는 게 일을 잘하는 기준입니다. 즉 일머리가 필요합니다.

A와 첫 미팅에서 전 그가 세 번째 부류라고 생각했어요. 제가 제안한 협업에 대해 온갖 이유를 대면서 다 반대했습니다.

"기술 인력은 바쁘니 지원할 수 없습니다."

"혼자서 공부하면 되지 굳이 강의가 필요한가요?"

"정 필요하면 유튜브에 올린 동영상 참고하세요."

마치 기술 인력은 한 명도 지원하지 않겠다고 선언하는 것처럼 들렸어요. 예상치 못한 그의 부정적인 반응에 놀라면서 일단 미팅을 끝냈죠. 이 난관을 어떻게 헤쳐 나가야 할지 묘안이 떠오르지 않았어요. 일단 상황을 벗어나고 싶었어요.

매니저와 상담을 하던 중 A에 관해 이야기를 나누었어요. A가 적극적으로 도움을 주지 않는 사람 같다고 말했죠.

"그 동안 직장생활 참 편하게 했군요."

제 매니저는 다양한 이해관계자를 만났을 것이고, 반대하는 사람까지 설득하고, 타협하여, 원하는 방향으로 일을 추진했을 것입니다. 생각해 보면 저는 전략적이지 못하고, 사람을 제가 원하는 방향으로 설득도 잘 못합니다. 다른 사람을 바꾸기보다 늘 저를 바꾸며 살았어요. 다행히 좋은 사람을 만나 즐겁게 일한 것뿐이었죠. 직장생활하기엔 저는 순진한 사람인걸까요? A가 어렵게 느껴졌어요. 부정적인 사람이라 생각하니 같이 미팅하기도 싫었어요. 그렇지만 어떻게든 제 사람으로 만들어야 했어요. 친해지려고 같이 식사라도 해볼까 시도했으나 마음이 내키지 않았습니다. 이후에도 몇 번 다른 사람들과 미팅을 했어요. 그렇게 시간이 지났고 저는 여전히 A가 불편했어요.

기술 부서 전체 매니저와 미팅하는 날이었어요. 매니저 모두 딱히 친분도 없었는데 그들의 합의를 끌어내야 하는 자리였죠. 부담감을 안고 프레젠테이션을 마쳤습니다.

"기존에 잘하고 있는데 굳이 왜 바꿔야 하죠?"

예상했던 대로 반대 의견이 나왔어요. 이 위기를 어떻게 모면해야 하나 고심하고 있었죠. 갑자기 A가 제 의견에 동의하면서 다른 매니저를 설득했습니다.

"이렇게 하면 우리가 더 편해지고 좋은 점이 많아요. 잘 생각해 보세요."

A 덕분에 합의를 얻어 미팅이 잘 끝났습니다.

최근 A는 저에게 아주 친절하게 대해 줍니다. 항상 그가 먼저 제 자리에 와서 가벼운 이야기를 건네죠. 아주 친한 사이인 것처럼 보일 정도입니다. 왜 A가 갑자기 바뀌었을까요? 아니면 제가 그를 잘 몰랐던 것일까요? 제가 일을 진심으로 하려는 모습을 알게 되어 그의 태도가 바뀐 게 아닌가 싶어요. 저는 그의 부정적인 반응에 맞대응하지 않고 나름대로 일을 진행했습니다. 그러면서 그가 담당하는 기술 인력에도 도움이 되는 방향으로 추진했죠. A가 원하지 않는 일은 더 이상 요구하지 않았고 설득하지도 않았습니다. 그가 바쁘다고 생각하는 기술 인력을 최소한으로 활용하려고 노력했고, 유튜브를 더 활용하는 아이디어도 냈죠. 또한 A가 일을 더 잘할 수 있도록 기술 인력의 요구 사항을 파악하여 피드백을 제공했어요.

매니저와 미팅하는 자리에서 기쁜 소식을 전했습니다.

"드디어 A와 관계가 좋아졌어요. 정말 다행이에요."

"그럼요. 제가 알죠."

"어, 어떻게 아세요?"

A가 제 자리에 와서 이야기 나누는 모습을 보고 알았다고 했습니다. A 덕분에 저는 매니저의 신임까지 얻었습니다. 먼저 진심으로 다가가면, 상대방도 언젠가는 그 마음을 알게 됩니다.

- 타인을 설득하는 여러분만의 방법이 있나요?
- 여러분은 인간관계로 힘들었던 적이 있나요?
- 여러분이 다른 사람의 신뢰를 얻는 방법은 무엇인가요?

사람의 마음은 어떻게 열까요?

몇 년 전 일입니다. 회사마다 차이가 있겠지만 외국계 기업의 점심 풍경은 국내 기업과 조금 달라요. 국내 기업은 일반적으로 점심시간에 팀원과 밖에서 식사하는 편입니다. 상사의 음식 선호도에 따라 싫어도 같이 가야 하는 어려움이 종종 있지요. 반면 외국계 기업은 개인별로 점심약속을 잡아 따로 식사하는 경우가 많아요. 점심약속 잡는 게 일이 될 정도죠.

어느 날 함께 점심을 먹기로 약속했던 동료가 급한 일이 생겨 점심약속을 취소했어요. 혼자 먹어도 되지만 점심시간을 활용해서 옆자리에 앉은 동료 A와 대화를 나누고 싶었어요.

"A님, 점심 약속 없으면 함께 할까요?"

"저 약속이 있긴 한데……. B와 먹기로 했거든요."

"아 그래요? 그럼 저도 같이 가도 돼요?"

"저 근데 그게……."

평소의 A답지 않았습니다. A와 가끔 식사도 같이했고 서로 잘 모르는 동료와 함께 식사하기도 했거든요. B와는 한 번도 식사를 한 적이 없기에 같이 가면 좋을 것 같아 제안했는데 A의 반응이 뜨뜻미지근했습니다. 더 말하면 안 될 것 같았어요. 나중에 A가 망설인 이유를 알고 깜짝 놀랐어요.

"요즘 애들은 나이 많은 분과 먹는 거 부담스러워해요."

A는 30대였고 B는 20대였어요. 그제야 저는 젊은 동료에게 먼저 점심 식사를 제안하면 안 된다는 사실을 알게 되었어요. 같은 또래와 밥을 먹는 게 편하지 굳이 불편하게 시니어 동료와 점심시간을 갖고 싶지 않다는 논리였습니다. 그 이후로 젊은 동료가 먼저 요청하지 않는 한 제가 먼저 식사하자고 제안하지 않습니다.

저는 2주에 한 번씩 회사 근처 도서관을 찾아 책을 두 권 빌립니다. 혼자 가면 심심해서 팀에서 가장 나이가 어린 20대 동료 C와 함께 가죠. 위의 경험을 거울삼아 제가 먼저 가자고 제안하지는 않았어요. 그러던 어느 날, 제가 책을 혼자 빌려오는 것을 보고 C가 봤어요.

"선배님 이 책 어디서 빌렸어요?"

그날 이후, 도서관에 함께 가게 되었습니다. 도서관이 먼 덕분에 오고 가며 많은 이야기를 나눕니다.

서로 어떤 업무를 진행하고, 어떤 것을 느끼고 배웠고, 앞으로 무엇을 할 것인지 등 다양한 주제로 이야기를 나눕니다. 종종 저는 어려운 질문을 던져 C를 당황하게 하거나 생각할 틈을 제공합니다. 일뿐 아니라 개인적인 이야기도 나누며 까르르 웃기도 하죠. 어려운 한국말을 잘 모르는 유학파 출신인 C에게 한국말 테스트를 하기도 해요. 대답을 제대로 못 하면 놀리기도 합니다. 업무와 관련하여 어떤 질문을 던져도 대답할 준비를 하라고 농담을 던지기도 합니다. C에게 특별 훈련 시켜주는 거라며 생색도 냅니다. C 역시 저에게 궁금한 것을 질문하며 회사 내 맥락을 이해하죠. 비공식적인 상호 멘토링의 시간을 갖는 거죠. C는 저의 업무 경험과 일하는 태도를 간접적으로 배우고 저는 C의 패기와 도전정신을 배웁니다.

대학생 시절 방학을 맞아 은행에서 파트타이머로 일했습니다. 손님이 은행을 방문하면 반갑게 인사하고, 안내가 필요하면 도와드리고, 읽다가 두고 간 잡지를 정리하는 게 제 업무였습니다. 두 달 근무가 종료된 후, 창구에서 일하는 직원 언니가 이런 말을 했어요.

"일도 다 끝나 가는데 이야기도 한 번 못 해 봤네. 미안해."

사회생활 경험이 없던 저는 무슨 의미인지 이해하지 못했어요. 당시 '왜 미안할까? 직원 언니들과 이야기를 좀 나누었어야 했나?'라는 의문이 들었어요.

제 직장의 인턴은 매사에 적극적입니다. 휴학 중인 학생신분으로 인턴을 하는데 우리 직원에게 점심 미팅을 신청하죠. 식사 자리에서 인생 경험을 묻습니다. 저에게 점심 미팅을 신청하면 전 어떻게든 도움을 주려고 경험했던 온갖 이야기를 다 들려주고 과거의 저를 돌아봅니다.

회사에 보통 두 가지 부류의 젊은 동료가 있습니다. B처럼 또래나 편한 사람과만 어울리기 원하는 부류와 C나 인턴처럼 또래가 아니더라도, 어려워하지 않고 다양한 사람들과 대화를 나누는 부류입니다. 시니어 동료도 마찬가지로 두 가지 부류가 있습니다. 젊은 동료를 어리다고 무시하는 부류와 나이에 상관없이 존중하고 어울리며 20대 같은 마음으로 생활하는 부류입니다. 여러분은 어떤 부류에 속하나요? 가급적 함께 배우고 성장할 기회를 가지려면 후자가 좋겠죠?

시니어라는 이유로 무조건적인 공경과 존경을 강요해선 안 됩니다. 젊은 동료를 동등한 인격체로 대우하고 이들의 패기, 열정, 도전정신, 학습 능력, 지적 능력을 배워야 합니다. 젊은 동료 역시 시니어 동료를 꼰대라고 무시하기보다는 이들의 경험, 태도, 끈기, 관계 능력을 간접적으로 학습하는 게 경력에 도움이 됩니다. 이는 직장에서만 적용되는 것은 아닙니다. 부모와 자식 간도 마찬가지며, 아이 부모끼리도 마찬가지입니다.

눈과 귀를 열어 보세요. 눈을 맞추고 경청하며 느껴 보세요. 대화를 하며 조금이라도 배울 점이 있으면 내 것으로 소화하세요. 그렇게까지 하지 않더라도 자신과 성향이 다른 사람이 있다는 것을 인정하는 것도 학습입니다. 다른 것은 틀린 게 아니니까요. 다름을 인정하세요.

- 여러분은 수평적인 사람인가요? 위계적인 사람인가요?
- 여러분은 어떤 문화를 가진 직장에서 일하고 싶은가요?
- 여러분은 처음 만나는 사람과도 쉽게 대화를 나누나요?

육아도 하면서 친구와 관계를 유지하고 싶어요

연애를 시작하면 친구들과의 관계가 점점 소원해집니다. 사랑하는 사람이 생기면 그 사람과 더 많은 시간을 보내고 싶잖아요. 누구나 그럴 테니, 친구와 만날 시간도 마음의 여유도 부족해지기 마련입니다. 그러다 결혼하고 아이 낳고 일하다 보면 친구와 점점 멀어지는 게 인지상정입니다. 의도적으로 만나지 않는 한 간단한 문제는 아니죠.

비전공자로서 개발자의 길을 걷던 저는 기본기가 부족하다는 것을 알았습니다. 전문성을 쌓고 싶어 야간 IT대학원에 입학했고 그때 그녀를 만났어요. 나중에 알았는데 그녀는 저와 같은 대학의 1년 선배였어요. 전공자였던 그녀는 새로운 도전을 즐기고 싶어 대학원에 진학했죠. 사회에서 만나서 그랬는지 그녀는 저보다 선배인데도 저를 존중했고 늘 높임말을 썼습니다. 같은 팀이 되어 주말에 프로젝트 과제를 하면서 그녀와 친해졌어요. 우리는 좋은 성과를 내기 위해 노력했고 함께 많은 시간을 보내며 더 친해졌습니다. 서로 칭찬도 아끼지 않았죠.

"참 대단해요. 어쩜 그렇게 노트 필기를 꼼꼼하게 해요? 매번 수업도 안 빠지고 똑똑하기까지 하고."

"어휴, 아니어요. 정아 씨야말로 정말 박학다식하세요. 어떻게 그 많은 걸 다 아세요? 정말 해박하세요."

경기도로 이사를 하게 되어 부득이 1학기만 다니고 대학원을 자퇴해야 했습니다. 그녀는 수석에 가까운 성적과 우수한 논문으로 대학원을 졸업했어요. 학교를 같이 다니다가 저처럼 한 사람이 자퇴하면 일반적으로 두 사람의 인연은 끝나기 십상이잖아요. 그런데 신기하게도 보이지 않는 끈이 우리를 묶어 주었어요.

당시 저는 초등학교에 다니는 두 아이의 엄마, 남편의 아내, 시어머니의 며느리, 그리고 직장인으로 친구를 만나거나 인간

관계를 유지하기 쉽지 않았습니다. 더군다나 직장은 서울이고 집은 경기도이다 보니 출퇴근 시간도 꽤 오래 걸렸어요. 일이 끝나면 집에 가기 바빴죠. 집에 가는 시간이 오래 걸리니 평일 저녁에 친구를 만나기 쉽지 않았습니다. 다행히 우리는 일 년에 적어도 네다섯 번은 만났습니다. 당시는 학창 시절 친구나 친정 식구보다 더 많이 만난 셈입니다.

그녀는 잘나가는 외국계 회사에 다니다가 불현듯 사표를 던지고 캐나다 시민권을 얻어 이민을 다녀오기도 했어요. 오랜 직장생활에 지쳐 있었고, 영어 실력을 향상하고 싶은 욕심도 있었습니다. 대학원 졸업 이후 새로운 도전을 원했기 때문이기도 했죠.

캐나다 이민을 떠나기 전 그녀를 만났어요. 일년을 기약하고 떠나는 그녀를 보내면서 앞으로 직장생활의 애환을 누구와 나눌 것인가, 걱정이 앞섰습니다. 그녀를 만날 때마다 전 육아나 회사일과 관련된 고민을 털어놓았고 무엇보다 그녀는 경청하고 공감해 줬거든요.

캐나다에 간 그녀와 메일을 주고받으며 연락을 이어갔어요. 제가 직장을 그만두고 잠시 쉴 무렵 그녀는 예정보다 6개월 일찍 귀국했어요. 캐나다에 막상 가 보니 생각했던 것과 달라서 환상이 깨지는 바람에 빨리 돌아왔다고 했어요. 우리 둘 다 구직을 해야 하는 상황이어서 서로 취업 정보를 공유하기도 했죠. 소개받은 포지션에 대해 의견을 나누고, 취업 전략도 함께 고민했어요. 서로 힘든 시간을 보내며 어렵게 구직활동을 하는 입장이어서 위안이 되었습니다.

이후 각자 취직했고 그 이후에도 몇 개월에 한 번씩 만났습니다. 다니는 직장 이야기를 나누고, 다음 커리어에 대해서도 정보를 주고받았어요. 10년 이상 같은 분야에서 일하다 보니 관심 분야도 비슷해서 서로 연결되었어요. 저는 워킹맘이었고 그녀는 미혼이라 라이프스타일에 많은 차이가 있었죠. 그녀는 항상 제 일정에 맞추며 배려했습니다.

"아기 엄마가 늘 바쁘죠. 전 괜찮으니 편한 시간과 장소를 말해 줘요. 내가 맞출게요. 난 가진 게 시간밖에 없어요."

그녀를 만나면 든든한 후원자와 함께 있는 느낌이 들었어요. 직장생활, 경제, 건강, 영어, 인간관계 등 모든 분야에 박식했으니까요. 따뜻한 그녀의 이야기를 듣고 있노라면 시간 가는 줄 몰랐고, 정보도 얻었습니다. 제 삶의 촉매제였죠.

그녀와 저의 보이지 않는 끈은 1년이라는 선후배지간임에도 불구하고 저를 존중하는 그녀의 태도에서 시작되었습니다.

만일 선배라고 저를 어린 후배 취급했다면 제가 진심으로 다가가지 않았을 수도 있겠죠. 서로를 대등하게 생각하고 존중하는 마음이 커뮤니케이션의 기본자세잖아요.

우리는 기본적으로 서로에게 호감을 가졌고, 격려했고, 상대를 믿었습니다.

"뭐든지 잘할 수 있어요. 그 정도는 충분히 할 수 있죠. 더 잘해 낼 거예요."라는 기대를 서로 가졌어요. 물론 과대평가했을 수도 있어요. 하지만 제가 그녀를 무조건적으로 지지하는 신봉자라는 것을 그녀가 알았고, 그녀 또한 저의 적극적인 지지자라는 것을 알았습니다. 그런 지지와 호감, 신뢰가 우리 관계를 지탱했습니다.

우리는 비슷한 시기에 같은 분야의 일을 했기 때문에 소통이 가능했어요. 여성으로서 직장인으로 겪는 어려움이나 느낌은 겪어본 사람만이 알 수 있거든요. 더군다나 우리는 같은 업종에서 일했습니다. 비슷한 근무 환경은 그녀와 저를 묶어 준 중요한 요인이었습니다.

커뮤니케이션은 상대의 마음을 여는 것으로 시작합니다. 짧은 만남이든 긴 만남이든 커뮤니케이션에서 가장 중요한 것은 존중과 배려입니다. 아무리 논리적으로 설명한다 하더라도 상대방의 태도에 진심이 없으면 사람들은 좀처럼 마음의 문을 열지 않습니다.

- 육아를 하면서도 지속적으로 만나는 친구가 있나요?
- 어떻게 하면 친구와 만남을 지속할 수 있을까요?
- 커뮤니케이션에서 가장 중요한 점은 무엇일까요?

인간관계,
어떻게 관리해야
할까요?

직장을 다니든 집에서 살림을 하든, 아이거나 어른이거나, 가장 힘든 게 인간관계인 것 같습니다. 사람이 가장 중요하다고는 하지만 내가 아닌 다른 사람과 관계를 맺고 유지하기란 쉽지 않은 것 같아요. 저 역시 제 마음 같지 않던 동료와의 관계에 어려움이 있었는데 그 이야기를 해 볼까 해요.

그녀와 저는 회사에서 아주 단짝은 아니었지만 나름 서로 친한 사이라고 생각했어요. 다른 회사에서 진행하는 스터디 모임에도 자주 같이 다녔어요. 다른 한 친구를 포함해서 셋이서 함께 1박 2일 여행을 다녀온 적도 있었죠. 연휴 때 둘이서 미술관도 같이 갔어요. 아무래도 그녀가 미혼이다 보니 같이 여유 시간을 보내기에 적합한 친구였죠.

전 이미 자녀가 장성해서 여유가 많았지만, 주변 친구들은 남편 눈치를 보거나 육아 때문에 시간을 내기가 어려웠거든요. 그러다 보니 저를 포함해 네 명의 여자 직장 동료가 같은 관심사로 엮인 그룹이 되어, 같이 식사도 하고, 가끔 저녁에 술도 마시곤 했어요.

그러던 중 제가 이직을 했고 옮긴 회사에서 어느 정도 정착을 한 후에 날을 잡아 네 명이 저녁식사를 함께했어요. 즐거운 시간을 보냈다고 생각했는데 그녀의 표정이 영 좋지 않았죠. 대화 중 늦게 결혼하면 출산이 어렵다는 이야기를 제가 했는데 네 명 중 유일하게 미혼이었던 그녀는 그 표현이 불편했나 봅니다. 별 내색을 하지 않아 아무 문제가 없는 줄 알았어요.

며칠이 지나 전 직장을 방문하게 되었습니다. 그녀를 보고 싶은 마음에 전화를 했는데 받지 않더군요. 바쁜 일이 있나 보다 생각하고 무심히 넘어갔어요. 분명히 부재중 전화 메시지를 봤을 텐데 전화가 오지 않아서 이상했지만 그냥 그런가 보다 생각했어요.

시간이 지나 다시 생각해 보니 아무래도 그때 저녁 모임에서 그녀가 단단히 화가 난 것 같다는 생각이 들었어요. 오해를 풀고 싶은 마음에 전화를 했는데, 평소에 느껴 보지 못한 어색함이 느껴졌어요. 그녀의 전화목소리가 얼음처럼 냉냉하고 딱딱하게 느껴졌어요.

"그날 회사 간 김에 전화했는데 안 받더라고요. 전화가 다시 올 줄 알았는데 전화가 안 와서요……."

"네 그날 제가 일이 있어서요."

"그때 저녁 모임에서 제가 한 말 때문에 혹시 기분이 나쁘셨나요? 그런 의도는 아니었는데……."

"네 좀 그랬어요. 예전에도 그런 적이 있었어요."

'아 이번 한 번으로 화가 난 게 아니고, 내가 무심코 한 말에 상처를 받은 적이 있었구나!'라는 생각이 들었어요. 하지만 저 역시 기분이 썩 좋지는 않았죠. 그런 느낌이 있었다면 그때 감정을 표현하고, 기분이 나쁘면 나쁘다고 먼저 이야기를 하고 오해를 풀었어야 하는 게 아닌가요?

이후 그녀는 카카오 단톡방에서 묵묵부답이었고 어느 날은 말도 없이 대화방을 나갔고 다시 초대해도 나갔어요. 어차피 저는 회사도 옮겼으니 더 이상 같은 직장 동료도 아니고 더는 만날 일도 없겠다는 생각이 들더군요. 굳이 저를 피하겠다는

데 제가 더 매달릴 이유도 없으니까요. 더 이상 제 친구가 아니라고 스스로 인정하기 시작했죠. 그리고 그녀를 잊었다고 생각했습니다.

그런데 다른 전 직장 동료가 초대한 자리에서 정말 우연히 그녀와 마주쳤어요. 바보 같은 저는 예전 상황을 까맣게 잊고 반갑게 두 손을 흔들며 인사를 했어요. 하지만 그녀의 표정은 어두웠습니다. 그제야 저는 둘 사이에 어색함이 있었다는 걸 기억해 냈고, 정말 이제는 남남처럼 멀어진 관계라는 사실이 생각났습니다. 여러 사람이 함께 있다 보니 굳이 둘 간의 대화가 필요하지는 않았지만 한때 친했던 두 사람이 서로 어색하고 눈도 마주치기 싫은 상황이 된다는 게 견디기 힘들었습니다. 딱 5분의 고민의 순간이 있었죠.

'어차피 더 이상 만날 일도 없을 텐데 그냥 모른 척, 아무 사이도 아닌 척 넘어갈 것인가? 그래도 옛정이 있는데 조금 더 개인적인 인사 정도는 할 수 있지 않나?'

제가 먼저 다가가 말 걸지 않으면 그녀는 저와 대화도 하지 않을 기세였고 그 상황은 저를 힘들게 했어요. 그렇게 집에 가면 계속 제 마음이 불편하고 아플 것 같았죠. 순간 두 가지 내용이 생각났어요.

열 명의 사람이 있다면 그중 한 사람은 반드시 당신을 비판한다. 두 사람은 당신과 서로 모든 것을 받아 주는 더없는 벗이 된다. 남은 일곱 명은 이도 저도 아닌 사람들이다. 누구에게 주목할 것인가가 관건이다.

_《미움받을 용기》 중에서

인생의 숨겨진 세 가지 비밀은 다음과 같다. 첫째, 통제할 수 있는 시간은 "지금"이라는 비밀, 둘째, 통제할 수 있는 사람은 "나"라는 비밀, 셋째, 지금 내가 선택할 수 있는 감정은 "긍정"의 감정이라는 비밀이다.

_ WIN(Women in INovation) 특강에서

'그녀는 나를 비판하는 한 사람일 수도 있고, 이도 저도 아닌 일곱 명 중 하나일 수 있다. 그런데 왜 내가 불편해야 하는 것인가? 내 마음이 편한 게 더 좋다. 내가 통제할 수 있는 시간은 지금이고, 통제할 수 있는 사람은 나이고, 통제할 수 있는 감정은 긍정이다. 지금 나는 나의 긍정적인 감정을 다스릴 수 있다, 그러니 내가 먼저 다가가 편한 척, 친한 척하는 게 결국은 나를 위해서 좋은 것이다.'라는 생각이 들었어요.

"잘 지냈어요? 예뻐졌네요. 피부도 엄청 좋아졌어요."

"어 제가요? 예전에는 피부가 안 좋았나 보죠?"

"아 그게 아니고……. 예전보다 더 좋아졌다는 거죠. 어려 보여요"

여전히 까칠한 그녀죠! 상대가 칭찬을 하면 그냥 기분 좋게 받아 주면 좋으련만.

아무튼 제가 먼저 아는 척하고 칭찬까지 했으므로 거기까지면 됐다 싶었어요. 정말 다음에 우연히 그녀를 만날 일이 또 있더라도 저는 더 이상 어색할 필요도 없게 되었죠. 제가 먼저 그녀에게 다가갔고 안부를 전했으니까요.

집으로 돌아오는 길에 제 발걸음은 가벼웠어요. '잘했어. 그래 내가 먼저 손을 내미는 게 맞는 거야. 내 마음 편하려고 그렇게 한 거야.'라며 제 자신을 다독거렸습니다. 물론 상대와 좋은 관계를 유지하면 좋으련만 그게 어렵다면 제 마음을 편하게 정리하는 게 좋겠죠.

그 5분의 순간에 긍정적으로 저를 통제한 제가 자랑스러웠습니다. 저에게 칭찬을 하고 싶었어요.

사람들과 관계를 유지한다는 건 어려운 일입니다. 그럼에도 어떻게 하면 제 마음이 편할 수 있을지 고민해 본다면 의외로 해결책이 나오는 것 같아요. 이제 저는 그녀를 내 기억에서 편하게 떠나보내렵니다.

- 관계를 유지하기 위한 여러분만의 방법이 있나요?
- 어색한 친구를 만난다면 여러분은 어떤 행동을 할까요?
- 여러분은 자신의 감정을 통제할 수 있나요?

인맥, 어떻게 유지해야 할까요?

사람의 성향을 크게 일 중심과 사람 중심으로 나눌 수 있습니다. 여러분은 어떤가요? 사람을 만나는 것이 불편하고 혼자 있을 때 에너지를 얻는다면 일 중심의 성향을 가진 사람입니다.

한 동료는 고객을 만나 기술적인 조언을 직업적으로 하는데, 고객 미팅이 있을 때마다 새로운 사람을 만나는 것이 두려워 마음의 준비를 단단히 한다고 했습니다. 자신의 성향과 반대된 일을 하는 셈이죠. 반면 사람을 만나는 것이 즐겁고 에너지를 얻는 사람은 사람 중심의 성향을 가졌습니다. 사람을 만나는 게 즐거운 저는 그 동료가 안쓰러웠어요. 그는 사람을 만나는 일보다는 혼자 연구하는 일을 찾는 게 더 어울리니까요.

저는 사람 만나는 것을 좋아해요. 그 이유는 모든 사람이 저마다의 개성과 사고방식을 가지고 있기 때문입니다. 다양한 사람과 대화를 하면 제가 생각하지 못한 사고를 하게 되고, 저와 전혀 다른 관심 분야를 알게 되어 기쁩니다. 누구를 만나든 상대로부터 최소 한 가지 이상은 배웁니다. 설사 악의를 가지고 나쁜 행동을 일삼는 사람이 있어도 그렇게 살면 안 된다는 교훈을 배우기 때문입니다.

평소 친하게 지내는 사람과 대화를 나누면 아이디어는 늘 한정되기 마련입니다. 늘 비슷한 이야기와 좋아하는 주제만 나누니 사고의 확장이 없죠. 느슨한 연대Loosely Coupled Relationship의 힘을 저는 믿어요. 너무 가까운 사이는 사실을 제대로 이야기하기 어렵지만, 관계가 조금이라도 느슨하면 의식하지 않고 편하게 이야기할 수 있거든요. 깊이 생각하지 않고 던진 이야기가 때로는 큰 도움이 되기도 해요.

친구의 남편은 직장 다니다 실직하고, 개인 사업도 실패하여 자격증을 준비하고 있었어요. 새해가 되어 친구는 별로 친하지도 않은 사람에게 우연히 카톡으로 안부 인사를 전했습니다. 그 사람은 주변 지인을 통해 특정 경험을 가진 사람을 구했는데 마땅한 사람이 없어 애를 태웠습니다. 마침 친구가 안부 인사를 묻자 해당 경력자가 있는지 물었고, 친구는 자신의 남편이 적임자라 생각되어 남편을 추천했어요. 경력단절에도 불구하고 친구의 남편은 다시 직장에 다니게 되었어요.

하지만 오직, 자신의 목적을 달성하기 위한 수단으로 넓고 느슨한 관계만 유지하는 것은 바람직하지 못합니다. 인연을 소중하게 다루어야 합니다. 현대정보기술과 롯데정보통신의 공동대표였던 오경수 사장님의 특강을 들은 적이 있어요. 그 분의 인맥 관리 방법이 인상적이었어요. 사람을 만나면 그 사람이 언급한 중요한 사항을 다 메모한다고 했습니다. 지금까지 메모했던 기록장을 전부 가져와 보여 주기도 했어요. 예를 들어 지인의 자녀가 초등학교에 입학했다는 이야기를 들으면 적어 두었다가 나중에 만났을 때 자녀가 학교에 잘 다니는지 물으며 인맥을 관리했다고 해요. 혹은 그 자녀가 중학교에 입학할 시점이 되면 작은 입학 선물을 주기도 했다고 합니다.

저는 특강을 듣고 지인과의 인맥 관리를 위해 엑셀 파일을 만들었어요. 직장명, 학교, 모임명 등 그들을 알게 된 경로를 시트 별로 작성했어요. 각 셀에는 이름과 간단한 신상정보를 기입하고 만난 일자, 그 사람에 대해 새롭게 알게 된 점을 적었어요. 6년 정도 관리하다 보니 이제는 업데이트를 자주 하지 않지만, 최소한 예전에 했던 동일한 질문은 다시 하지 않게 됩니다. 가끔 파일의 내용을 보면서 연락이 뜸했거나 만난 지 오래된 사람에게 연락합니다. 그렇게 관계를 유지했어요.

느슨한 관계도 좋고 끈끈한 인맥도 좋습니다. 무엇보다 우선되어야 하는 것은 자신만의 무게중심을 잡는 일입니다. 스스로 에너지를 생성하고, 주고받을 준비가 되어야 다른 사람과의 관계도 만들 수 있습니다. 모든 관계의 출발점은 바로 나로부터 시작하기 때문입니다.

- 지금 여러분의 에너지 상태는 어떤가요?
- 여러분은 에너지를 나누어 주는 사람인가요? 다른 사람으로부터 에너지를 얻는 사람인가요?
- 여러분이 인맥을 유지하는 방법은 무엇인가요?

점심 함께 할까요?

회사에서 보내는 시간 중 언제가 가장 즐거운가요? 출근해서 일하는 것도 힘든데 즐거운 시간이 1도 없다고 말하는 분도 있겠죠? 저는 말이죠, 일하는 것도 좋지만 주로 먹는 시간이 그렇게 좋더라고요. 점심시간이나 저녁에 회식할 때 아주 행복해서 미쳐요. 그렇게 좋아하던 회식이었는데 최근 술을 끊은 바람에 더 즐길 수가 없게 되었어요. 그래서 점심시간을 가장 행복한 시간으로 만들었습니다. 도대체 점심시간이 가장 즐겁고 소중한 이유는 뭘까요?

식구食口는 '한집에 함께 살면서 끼니를 같이하는 사람'을 뜻합니다. 그만큼 식사를 함께하는 게 우리나라에서 전통적으로 중요한 가치를 지닌다는 얘기죠. 과거 국내 기업을 다닐 때는 못 느꼈는데 8년 이상 외국계 기업에 근무하면서 점심식사를 함께하는 게 얼마나 소중한지 알게 되었어요.

일반적으로 국내 기업은 팀원과 함께 식사 시간을 갖죠. 상사의 선호도에 따라 원하는 식당과 메뉴를 정하면 싫어도 따를 수밖에 없는 문화가 있어요. 반면 외국계 기업은 개인별로 사전에 점심 약속을 하고 따로 먹죠. 공교롭게도 최근에 입사한 두 외국계 기업에서 입사 첫날 혼자 점심을 먹어야 했어요. 입사 첫날은 약속을 잡지 못했기 때문이죠.

점심 선약을 미리 정하지 않으면 혼자 시간을 보내야 한다는 깨달음을 얻고 난 후, 적극적으로 점심 약속을 잡았어요. 물론 요즘은 혼밥이 대세라서 혼자 먹어도 부끄러울 일은 거의 없지만 말입니다. 하지만 회사에서까지 혼자 밥을 먹고 싶지는 않았어요. 다른 사람과 교제할 수 있는 기회를 놓치기 싫었죠. 지금은 가급적 다른 사람과 점심 시간을 보내려고 노력하고 있어요.

다른 사람과 점심시간에 식사를 같이 한다는 것은 제 삶에 큰 의미가 있어요. 점심시간은 근무 중 유일하게 개인적인 대화를 나눌 수 있는 시간이잖아요. 밥을 먹기 위해 누군가와 일정을 함께 나눈다는 것은 그 사람이 저에게 의미 있는 사람이라는 거죠. 신기하게도 밥을 먹으며 대화를 나누면 마음이 더 쉽게 열려요. 하지 못할 속 깊은 이야기조차 밥과 차를 마시며 대화하면 술술 풀리더군요. 새로운 만남이 시작되고 인간관계의 폭이 넓어지며 누군가와 더 친해지는 계기가 되는 거죠. 심지어는 식사하고 나서 이런 이야기를 하는 동료도 봤어요.

"어, 전 평소에 이런 이야기 잘 안 하는데, 오늘은 너무 많은 이야기를 했네요."

여러분 가끔 이런 고민 많이 하시죠? 동료의 경조사비를 낼지 말지, 내야 한다면 얼마를 낼지 고민하잖아요. 저에게는 독특한 기준이 하나 있는데요 그것은 '개인적으로 함께 밥을 먹었는가 아닌가?'입니다. 명쾌한 정의죠? 친분이 있는 사람이라면, 반드시 개인적으로 식사를 한 번은 해야 한다는 게 제 삶의 철학이에요. 친해지고 싶은 마음에 일부러 점심 약속을 잡기도 해요. 밥을 먹고 나면 상대를 정확하게 알 수 있거든요. 어떤 가치관을 가지고 있고, 어떤 고민을 하는지, 그가 어떤 유형의 사람인지 알 수 있죠. 밥이 관계를 맺어 주는 매개체라는 게 신기하지 않나요?

저는 업무적으로 일대일 코칭을 자주 합니다. 업무의 많은 부분은 사람들과의 대화로 이루어집니다. 직원의 어려움을 듣고, 그들의 고충을 어떻게 개선할지 함께 고민하고, 솔루션을 끌어내죠. 대화에서 많은 부분을 차지하는 건 경청과 공감입니다. 대화를 나누다 보면 마음을 저절로 열게 되는데요. 코칭하는 저도 많이 배웁니다. 타인의 삶에 대한 태도와 열정을 배우는 거죠. 위로와 공감을 그들의 가슴에 안겨 불씨를 피워 주기도 하고 용기도 줍니다. 한 시간이라는 시간이 훌쩍 지나가 버리고 마무리할 시간이 왔을 때 이런 말을 가끔 들어요.

"우리 언제 점심 함께해요."

행복한 순간입니다. 저와 함께한 시간이 타인에게 만족스럽고 도움이 되었으니, 저와 좀 더 친하게 지내고 싶다는 의미겠죠? 실제로 식사를 하면 더 인간적인 대화를 나누게 됩니다. 새로운 관계가 또 맺어지는 거죠. 전쟁터와 같은 직장에서도 새로운 친구를 사귀는 기회가 오는 겁니다.

저녁시간엔 개인적인 삶을 보내야 하고 가정이 있는 사람들이니 아무래도 시간을 내기가 서로 부담스럽잖아요. 사람과 만나 대화하기에 부담 없는 시간이 바로 점심시간입니다. 아무리 바빠도 점심은 모두 먹잖아요. 이전 직장 동료와 관계를 유지하는 것에도 도움이 되죠. 연락하고 싶지만 서로 바쁜 나머지 저녁약속을 잡기 어려워요. 저는 점심시간을 이용해서 이전 직장 동료나 친구를 만납니다. 제 직장 주변에서 약속을 많이 잡는 편입니다. 점심시간엔 비교적 여유가 있으니까요.

저를 만나려고 점심시간에 찾아오는 친구가 적어도 한 달에 두세 명은 됩니다. 멀리서 찾아 오는 손님이니 당연히 소문난 맛집에서 제가 대접해야죠. 함께 식사하고 대화하며 서로의 근황을 나누니 행복합니다. 저를 잊지 않고, 기억하고, 함께 대화를 하고 싶어 먼 곳에서 찾아 왔다는 것 자체만으로도 감사한 일 아니겠어요? 저는 늘 이런 방식으로 친구에게 대접하고 관계를 끈끈하게 유지하고 있어요.

논어의 학이편 1장에 나오는 문구는 저의 이런 마음을 잘 대변해 줍니다.

學而時習之 不亦說乎

배우고 때때로 익히면 또한 기쁘지 아니한가?

有朋自遠方來 不亦樂乎

벗이 멀리서 찾아주니 또한 즐겁지 아니한가?

저는 책으로 학습하는 것도 좋아하지만 사람과 나누는 대화에서 타인의 인생을 배우는 게 좋습니다. 무한한 학습 자원이 저에게 찾아오는 거니까, 퇴사한 저를 기억하고, 그리워하며, 찾아오니 얼마나 감사한 일인지 모릅니다.

이렇게 다양한 만남과 학습이 열리는 점심시간이 직장생활의 큰 즐거움입니다.

- 직장에서 가장 행복한 때는 언제인가요?
- 오늘 점심은 누구와 함께 먹었나요?
- 여러분을 만나려고 멀리서 찾아오는 사람은 누구인가요?

CHAPTER 4

내 마음은 어떻게 관리할까요?

외국계 회사 직장생활 엿보기

벌써 14번째 출장이다. 입사한 지 16개월이 되었으니 거의 한 달에 한 번꼴로 출장을 다닌 셈이다. 외국계 회사에 다니니 좋은 점은 출장의 기회가 적어도 일 년에 한 번은 있다는 것이다. 부서에 따라 다르지만 나는 최근 7년 동안 출장의 기회를 자주 가졌다.

Y2K(컴퓨터가 2000년 이후의 연도를 제대로 인식하지 못하는 결함)를 대비한 미팅에 참여하려고 1999년 난생처음으로 출장을 떠났다. 일정 거리 이상(미국)으로 출장 가는 경우 당시 회사는 운좋게도 비즈니스 클래스로 티켓을 끊어 주었다. 그걸 감사한 줄도 몰랐다. 그때 아이들이 네 살, 두 살이었다. 어린아이들을 두고

출장을 다녀왔다는 게 지금도 신기하기만 하다. 어쩌면 어렸기 때문에 가능하지 않았을까? 어린이집을 갔거나 학교에 다녔다면 챙겨 줄 일이 많았을 것이다. 다행이었을까? 엄마 손이 많이 필요한 시점에는 출장을 자주 가지 않았다. 아이가 엄마 도움 없이 학교에 다닐 수 있는 중학교, 고등학교 때부터 출장이 잦아졌다.

주변 사람은 출장 가는 게 피곤하고 불편해서 싫다고 하지만, 나는 대체로 출장 가는 것을 즐기는 편이다. 자주 다니지 못하는 사람은 나와 같은 사람을 부러워하기도 하고, 질투까지 한다. 나는 출장이 반갑다. 특히나 워킹맘에게 출장은 일탈이자 휴식의 시간이다. 출장을 떠나 일과를 끝내고 깨끗하게 정리된 호텔 방에 혼자 누울 때 기쁨은 배가 된다. 보통은 어질러진 집을 치워야 하고, 애들을 돌봐야 하지 않는가? 나 혼자만을 위한 공간이 있다는 것에 감사하고 그곳이 화려하거나 깔끔한 호텔이라는 게 좋다. 또한 직접 차려 먹지 않아도 식사를 삼시세끼 제공해 주니 그 점도 감사하다.

어렵긴 하지만 때로는 출장 전후 하루라도 해당 도시를 구경하기도 했다. 지금껏 많이는 못 해봤지만, 그렇게 구경했던 도시가 몇 군데 있어서 추억으로 남았다. 문제는 한국에서 출장가는 도시가 거의 정해져 있다는 점이다. 보통 타이페이, 홍콩, 싱가포

르, 시드니를 자주 간다. 다양한 도시를 방문하면 더 많이 둘러볼 텐데 그렇지 못한 점이 아쉽다. 욕심을 내면 한도 끝도 없으니 출장을 갈 수 있다는 사실만으로도, 워킹맘의 삶에 잠시의 일탈이 있다는 것만으로도 감사해야 할 것이다.

출장 덕분에 탑승한 싱가포르행 기내에서 이 글을 쓰고 있다. 비행기를 자주 타다 보니 요령이 생겼다. 짐도 금방 싸고 기내에서 시간도 그럭저럭 활용한다. 처음에는 출장은 좋았지만, 일반석에 오래도록 앉아 있는 게 지겹고 불편하다 생각했다. 그런 불편함이 기쁨으로 바뀌게 된 계기가 있었는데 바로 동료의 대답 때문이었다.

"난 출장은 좋은데 비행시간이 너무 지겨워. 몇 시간을 한자리에 앉아 있으니, 마치 벌서는 기분이야."

"그래? 나도 예전에 그랬는데 생각해 보니까 정말 감사하더라고, 잘 생각해 봐. 비행기에 앉아 있으면 영화도 볼 수 있지, 공짜 음식도 계속 나오지, 얼마나 좋아? 심지어 술도 마실 수 있잖아?"

생각해 보니 맞는 말이었다. 그냥 가만히 앉아 영화 보고 맛있는 음식을 즐기면서 시간을 때우면 되는 것이다. 불편하다고 투덜거릴 이유가 없다. 그 말을 들은 이후로는 신기하게도 비행시간이 즐거워졌다. 어떻게 하면 비행을 즐길 수 있을까 고민도 많이 했다. 처음엔 영화를 보고, 술을 마시고, 음식을 먹으며 즐겼다. 강제로 주어진 휴식의 시간으로 생각하니 즐거웠다. 덕분에 밀린 영화와 드라마를 몰아서 봤다.

최근 바쁜 일정에 쫓기다 보니 비행 시간이 아깝다는 생각이 들었다. 휴대폰의 방해를 받지 않는 유일한 집중의 시간에 드라마나 영화를 보면서 보낸다는 게 아까웠다. 그래서 종이책 두세 권을 들고 가서 독서하기 시작했다. 방해를 거의 받지 않다 보니 집중하여 책을 읽을 수 있었다. 비행기에는 책상도 있고 스탠드도 있다. 헤드셋을 가져가서 음악을 들으며 책을 읽으니 최적의 조건이 아닌가. 요즘은 독서할 여유도 부족해서 노트북을 챙겨 기내에서 글을 쓴다. 좌석 밑에 가끔 전원 콘센트가 있어서 유용하다. 글쓰기 역시 집중력이 요구되는 작업이어서 시간가는 줄 모르고 글을 쓸 수 있다. 글을 몇 편 완성하다 보면 어느새 비행기는 목적지에 도착한다.

아이들 역시 엄마가 가끔 집에 없는 걸 좋아하는 눈치다. 무엇보다 잔소리가 없으니 아이들 역시 일탈의 시간을 가진다. 친구를 집으로 초대하기도 하고, 눈치 보지 않는 자유의 시간을 가진다. 집안을 엉망으로 어질러 놓아도 뭐라 하는 사람이 없으니 얼마나 좋을까? 가끔 그 정도의 즐거움이 있어야 아이들도 숨 쉴 틈이 있고 스트레스도 풀리지 않을까?

출장이 마냥 아름답기만 하면 얼마나 좋을까? 출장의 어려움은 업무가 과중된다는 것이다. 보통 출장을 가든 가지 않든 일상적으로 처리해야 하는 일이 있다. 정기적으로 일을 처리해야 하고, 문의가 온 메일에 답장도 써야 한다, 혹은 마감 시간이 정해진 일도 있다. 이런 것이 출장을 간다고 해서 미루어지거나 중단되는 것도 아니다. 출장 가면 출장 본연의 업무를 근무 시간에 해야 하고, 일과 후에는 호텔에 돌아와 한국의 업무를 시작한다. 즉 일을 두 배로 하는 셈이다.

일만으로 끝나지 않는다. 출장지에서 사람을 만나는 이유 중 하나는 현지 담당자와 소통하기 위해서다. 근무시간 중에 일로서 만나기도 하지만 친목을 위해 저녁 식사를 함께하는 일이 적어도 한 번은 있기 마련이다. 저녁 식사라도 하다 보면 늦어지고, 밤에 호텔로 돌아와서도 메일을 확인해야 한다. 그러다 보면 온전한 휴식 시간을 가지기 어렵다. 육아나 집안일에서 해방을 맛볼 수는 있지만 일이 늘어나다 보니 개인이 보내는 여가 시간은 오히려 줄어든다.

그런 부족한 시간을 쪼개어 관광도 하고, 휴가를 내어 일일 투어라도 도전해야 한다, 그래야 출장 온 보람이 있지 않겠는가? 일하느라 평소에도 제대로 보지 못하는 아이들을 아예 볼 수 없으니 말이다. 예전에는 인터넷 전화나 카톡이 없어서 출장지에서 마음이 불편했지만, 기술의 발전으로 채팅도 할 수 있고 통화도 할 수 있으니 얼마나 다행인지 모른다.

워킹맘은 출장을 떠나는 기내에서도 바쁘고, 호텔 방에서도 바쁘다. 일하느라 몸도 바쁘고 아이 생각에 마음도 바쁘다. 그런데도 또 출장의 기회가 있다면 도전하고 싶다. 해외에서 공부한 적이 없어서 출장을 갈 때마다 단기 어학연수 간다는 마음가짐으로 임한다. 자주 다니다 보면 영어 실력이 조금이라도 향상되지 않을까 하는 일말의 기대를 가진다.

워킹맘도 그렇고 가족도 삶의 쉼표가 필요하다. 서로가 잠시나마 각자의 역할에서 일탈의 시간을 가지며, 자유를 누릴 자격이 있다. 물리적으로 떨어져서 가족의 소중함도 깨닫고, 그리워하는 시간도 가질 수 있다. 출장에서 돌아오면서 조그마한 기념품이라도 사 가면 아이들은 엄마가 그동안 집에 없었다는 사실을 금세 잊는다. 다시 행복한 일상이 시작된다.

어른도 성장통을 겪습니다.

쉼 없이 달리면 몸이 신호를 보냅니다.

휴식이 필요한 때라는 걸 알고 쉬어 가세요.

건강을 유지하고 싶어요

여러분은 어떻게 건강을 유지하시나요? 바쁘게 살다 보면 체력관리를 하기가 쉽지 않죠. 건강이 중요하다는 걸 알면서도 공기처럼 소중함을 모르는 것 같아요. 그러다 건강에 신호가 오면 그제야 건강을 챙겨야겠다고 생각합니다. 그렇게 되기 전에 평소에 건강관리를 해 주는 게 좋겠죠.

전 비타민C를 하루에 한 알 먹는데 몸이 조금 피곤하거나 감기 기운이 느껴지면 한 알을 더 먹습니다. 몸이 피곤하면 가장 먼저 목에서 신호가 옵니다. 목이 조금 붓는 느낌이 올 때면 추가 섭취를 하고 잠도 조금 더 자는데 그러면 단기적인 효과가 있어요.

이 정도로만 관리를 하지만 사실 건강을 챙기기란 쉽지 않죠. 제가 아주 바쁘게 사는 것을 보고 주변 분들이 제 건강을 많이 염려해 줍니다. 제가 욕심이 많아서 몸 생각 안 하고 자꾸 일을 벌이거든요. 짬이 없는 데도 재미있겠다 느껴지면 자꾸 하겠다고 손을 듭니다.

"그러다 한 번에 훅 갈 수 있어요. 건강관리 잘하세요."

"마음은 20대처럼 설레고 신날지 몰라도, 우리 몸은 그렇지 않아요. 몸이 정신을 따라오지 못하니, 건강관리 잘해야 해요."

주변에서 이렇게 조언을 해 줍니다. 여러분도 바쁘게 사니 이런 말 많이 들으시죠? 너무나도 감사하죠. 이렇게 달리면 안 되겠다 싶다가도 가슴이 뛰어서 자다가도 벌떡벌떡 일어나니 저도 어쩔 수가 없네요. 예전에는 피곤해서 침대에 누우면 바로 잠들었거든요. 그런데 요즘은 잠이 잘 오지 않습니다. 너무 욕심이 넘쳐 벌이고 싶은 일이 많아도 문제 같아요.

그러던 중 얼마 전에 코칭을 받았습니다. 코칭을 제공하는 사람들이 더 열심히 코칭을 받습니다. 그 효과가 얼마나 좋은지 잘 알기 때문에 다른 분께 의뢰해서 코칭을 받기도 하고 또 스스로 코칭하는 셀프 코칭을 하기도 하죠. 그날은 제가 꿈꾸는 도전적인 과제를 얼마나 잘 진행하고 있는지 확인을 받는 시간이었어요. 글쓰기로 시작한 이야기가 결국은 건강으로까지 연결되었어요. 저는 글쓰기가 너무 좋아서 잠을 잘 못 자고 있었어요. 써야 할 글들도 많았지요. 그리고 일도 많아서 계속 피곤한 나날을 보내고 있었어요. 코치님은 이렇게 말씀해 주셨어요.

"직장 생활할 때 팀원에서 팀장으로, 팀장에서 임원이 되어감에 따라 체력도 그만큼 늘어나야 합니다."

"아니 뭐라고요? 거꾸로 말씀하신 것 아닌가요? 어떻게 나이가 먹을수록 체력이 늘어나나요? 체력이 점점 줄어드는 게 정상 아닌가요?"

"그래서 나이가 들수록 운동을 열심히 해서 더 체력이 늘어날 수 있도록 노력해야 합니다. 그게 팀장, 임원이 가져야 할 자세입니다."

나이가 들면서 체력을 늘리기 위해 틈새 운동, 숙면, 잘 먹는 게 중요하다고 말씀하셨어요. 위층으로 올라갈 때는 에스컬레이터 대신 계단을 이용하거나, 에스컬레이터를 사용한다면 에스컬레이터에서도 허벅지에 힘이 들어가게 발가락으로 서 있는 등 꾸준한 운동이 필요하다고 해요. 체력이 늘어나지는 못하더라도 노력해서 유지는 해야겠지요.

마침 회사에서 '건강 특강'을 들었습니다. 입이 원하는 음식보다 몸이 원하는 음식을 먹어야 한다고 권합니다. 건강을 위해서는 가장 중요한 게 금연, 금주, 소식, 야채 많이 먹기라고 했어요. 저는 이 중에서 금주, 소식, 야채 많이 먹기를 실천해 보기로 결심했죠.

우선 금주입니다. 술을 많이 마시는 건 아니었지만, 일주일에 한두 잔의 맥주로 스트레스를 풀기도 하고, 분위기 좋은 와인바에서 와인을 기울이기도 했어요. 집에도 냉장고에 맥주를 사 두고 가끔 주말에 마시기도 했지요. 와인도 몇 병 사다가 보관해 뒀어요. 분위기 좋게 마셔 보려고 와인잔도 마련했지요. 몇 달 전 회식 때 술은 많이 마시지 않았는데 제 몸이 아주 힘들었어요. 그래서 특강을 들은 후부터 금주를 시작했습니다. 사두었던 와인은 다른 분들께 선물했지요.

뜻밖의 와인 선물을 받은 지인들은 기뻐했어요. 그러면서도 굳이 금주까지 할 필요가 있냐며 한 잔 정도는 건강에 좋으니 마셔도 된다고 권했지요. 하지만 저는 단호하게 끊고 싶었어요. 한 잔을 허용하면, 한 잔이 두 잔이 되고 두 잔이 석 잔이 되니까요. 애초에 술이라는 걸 몰랐던 사람이 되기로 했죠. 덕분에 건강해지고 살도 빠졌지요, 그런데 부작용이 생겼어요. 예전에는 회식이 직장 다니는 낙이었는데 이제는 회식이 재미없어진 점입니다. 모두 술잔을 기울이며 즐겁게 대화하는데 저는 더 이상 재미가 없었지요. 이게 알코올의 힘일까요?

두 번째는 소식입니다. 그렇게 소식을 해야 한다고 듣고도 많이 먹는 때도 있습니다. '건강 특강'에서 강사님은 "배불러 죽겠네."라는 말이 나오면 병에 걸릴 확률이 높다고 했어요. 정말 몸이 원하는 음식으로 적게 먹을 것을 다짐했어요. 또 20대 초반의 몸무게에서 10퍼센트가 늘지 않도록 관리하는 게 중요하다고 했어요. 지금껏 10퍼센트 내에 들지만 주의해야겠습니다. 소식을 위해 가급적 저녁에는 외식을 하지 않아요. 저는 현미밥을 먹기에 현미밥을 싫어하는 가족을 위해서는 따로 밥을 합니다. 아이들이 피자나 치킨을 시켜 달라고 해서 주문해도 저는 현미밥을 먹지요.

세 번째는 야채 많이 먹기입니다. 평소 야채를 많이 먹는 편이지만 하루 400그램에는 못 미쳤어요. 주로 야채 쌈을 많이 먹지만 추가로 녹즙을 신청했어요. 직접 사서, 씻어, 갈아 먹으면 좋겠지만, 시간과 번거로움을 돈으로 보상하기로 했습니다. 녹즙이 사실 비싸서 그동안 마시지 않았는데 건강하고 오래

살려면 저에게 투자가 필요하다고 판단했어요. 매일 아침 집으로 배달해 주니 편하기도 하고요.

이렇게 먹는 것 관리와 더불어 틈새 운동과 숙면을 취하면 팀장 수준에 맞는 체력이 되지 않을까 싶어요. 제 건강을 염려해 주는 친구들과 지인들의 성원에도 보답할 수 있겠지요. 건강은 건강할 때 지키는 게 좋습니다.

- 건강 유지를 위해 여러분이 현재 하고 있는 것은 무엇인가요?
- 여러분이 실천하는 틈새 운동이 있나요?
- 숙면에 도움이 되는 여러분만의 방법은 무엇인가요?

갑자기 무기력해지고 너무 피곤해요

무기력과 피곤은 나이와 상관없는 것 같아요. 보통 우리가 20대를 보면 무쇠도 씹어 먹을 나이라며 부러워하죠. 하지만 20대인 우리 아이들을 보면 늘 힘들어하고 피곤해합니다. 체력적인 원인보다 정신적인 스트레스가 삶의 어깨를 짓누르죠. 여러분은 어떤가요? 직장 다니기도 힘든데 육아까지 하려니 너무 힘들지 않나요? 휴일에 집에서 푹 쉬고 싶어도 아이를 돌봐야 하니 마음 놓고 쉬기도 어렵죠.

더군다나 결혼 연령도 많이 늦어져서 30대 후반이나 40대 초반에 아이를 갖는 경우도 많아요. 새벽에 아이가 깨어 잠을 제대로 못 자니 체력적으로 힘든 게 육아에서 가장 힘든 점이죠. 다음 날 출근해야 하는데 잠을 깊이 자지 못 하니 얼마나 힘들겠어요?

육아와 상관없이 제 건강에 위기가 찾아온 적이 있었어요. 앞만 보고 열심히 달리던 40대 초반에 있었던 일입니다. 어느 날 몸이 이유 없이 피곤하고 아팠어요. 평소에는 하루 이틀 푹 쉬고 나면 풀렸는데 며칠을 쉬어도 피로가 회복되지 않았죠. 갑자기 무서웠어요.

'이렇게 노화가 오는 것일까?'

'나 이러다 일도 못 하고 그냥 죽어 버리는 걸까?'

'나의 신체 수명이 다한 것일까?'

두려움이 다가왔지요. 아직 못한 것도 많고, 하고 싶은 일도 많은데 억울했어요. 퇴근하자마자 침대에 누워 봤지만, 점점 더 우울해졌죠. 그렇게 몇 달을 힘들게 지냈어요. 계속 피곤하고 힘들어 아무것도 못 했어요. 만사가 다 귀찮았거든요. 어쩌면 그때 당시 아이들에게 짜증을 냈는지 모르겠어요.

갑자기 저보다 나이 많은 사람은 어땠는지 궁금해졌어요. 분명 이게 노화라면 선배는 그런 증상을 매일 가지고 살 텐데 어떻게 버티는지 궁금하더라구요. 매일매일을 죽을 때까지 그렇게 살아야 한다면 그들은 어떤 희망으로 사는지 알고 싶었어요. 의외로 답변은 명쾌했습니다.

"응. 살다 보면 그런 때가 오더라고. 지나면 또 괜찮아져. 걱정하지 마. 이제 나이도 있으니 건강식품 같은 거 좀 먹어 봐. 그럼 좀 낫지."

'과연 그럴까?' 의심과 두려움으로 고통의 시간을 보냈어요. 선배가 전해 준 조언에 따라 그동안 돌보지 않았던 제 몸을 챙기기 시작했죠. 비타민 C도 먹기 시작하고, 키위, 홍삼, 오메가3 등 건강에 좋은 음식을 챙겨 먹기 시작했어요. 생각해 보면 사십 평생 저를 착취만 했지 아껴 주거나 돌보지 않았어요. 저한테 좀 미안해졌어요.

우선 비타민 C를 먹는 순간부터 피로가 조금 회복되었어요. 얼마나 제가 허약했는지 아시겠죠? 아들이 중학생이 되고, 딸이 초등학교 고학년인 시점이니 육아에 대한 긴장이 풀렸을까요? 그리고 30대에서 40대로 넘어가는 생애 주기의 변화 때문일 수도 있겠죠. 몸이 노화를 준비하는 단계라고나 할까요?

그렇게 몸을 챙기고, 건강식품도 먹고, 마음을 다스리며 시간을 보내다 보니, 3~4개월 후 점점 회복되었습니다. 그렇게 힘들고 아팠던 시간이 언제 있었냐는 듯 10년이 지난 지금은 훨씬 더 건강하고 생생하게 하루를 보내고 있어요.

이제 50대를 바라보면서 새로운 도전이 생겼어요. 바로 노안입니다. 노안은 40대 정도부터 시작된다고 하는데 우리가 잘 자각하지 못하죠. 안과에 가 봤는데 현대 의학 기술로는 노안을 치료하는 방법도, 지연시키는 방법도 없다고 해요. 생각해 보니 지난 50년간 눈을 너무 혹사했더라구요. 40대까지는 몸을 혹사한 걸 깨닫고, 50대가 되니 눈을 혹사한 걸 알게 되었어요. 눈에게 미안해서 효과도 없다지만 비싼 눈 영양제도 사 먹고 안구건조증에 도움이 된다는 레이저 치료도 받았어요. 앞으로 50년을 건강하게 더 살아야 하니까 그 정도의 투자는 할 만하죠. 그보다 더 좋은 건 평소에 몸을 아끼고 사랑하는 거겠죠. 우리 몸은 기계가 아니니까 휴식과 영양을 충분히 제공해야죠. 그래야 오래도록 건강하게 사용할 수 있을 겁니다.

어른도 성장통을 겪습니다. 쉼 없이 달리면 몸이 신호를 보냅니다. 몸이 보내는 신호를 놓치지 마세요. 귀 기울여 주세요.

'너무 빨리 달렸으니 이제 조금 쉬어가자.'

'나를 좀 돌봐 줘.'

'나도 휴식이 필요해.'

몸이 보내는 신호를 즉시 알아차려야 합니다. 상황을 받아들이고 천천히 가면 됩니다. 욕심부리지 말고, 두려워하지 마세요. 이러한 현상은 자연의 섭리이니 받아들이면 됩니다. 한 번 걱정을 시작하면 걱정하는 일이 생길 것 같죠. 하지만 그렇지 않습니다. 잠시 쉬면 회복할 수 있어요. 휴식이 필요한 때라는 걸 알고 쉬어 가세요. 그 무엇보다 중요한 게 건강입니다. 건강을 잃고 나면 그 어떤 것도 의미가 없습니다.

- 여러분의 몸을 위해 어떤 투자를 하고 있나요?
- 여러분은 몸이 보내는 신호에 귀 기울이고 있나요?
- 건강을 유지하기 위한 여러분만의 방법은 무엇인가요?

내 마음은 어떻게 관리할까요?

여러분은 지금 자신의 마음을 챙기고 있나요?

일을 하다 보면 커뮤니케이션이 잘못되었거나 책임소재가 불분명하여 업무가 제대로 진행되지 않는 경우가 있습니다. 이럴 때마다 두 가지 부류의 인간상을 봅니다. 책임을 다른 사람에게 전가하는 부류와 어떻게든 수습해서 일이 제대로 흘러가게 만드는 부류입니다. 결과가 좋으면 책임을 전가하던 사람은 신기하게도 영웅이 되고, 수습하려 노력했던 사람은 당연히 자기 일을 한 사람이 됩니다. 직장에서 이렇게 영웅이 된 사람을 소위 '다 된 밥상에 숟가락 올리는 사람'이라 부릅니다.

일명 프리 라이더(Free Rider, 스스로 한 일 없이 다른 사람이 한 일에 묻어가는 사람)입니다.

> 우리 마음은 정교한 시간 여행 전문가다. 이미 일어난 사건을 생각하면서 마음을 과거로 되감을 수 있다. 혹은 우리가 하고 싶은 다음 계획을 위해 미래로 빨리 감기도 한다. 마음의 시간 여행 모드를 매우 빠르게 과거나 미래에 놓는다. 주의를 기울이려고 하는 순간에도 그렇다. 과거 사건을 다시 생각하고, 후회하면서 머무른다. 혹은 마음을 미래로 빨리 감아 일어나지도 않을 일을 최악의 상황으로 상상하거나 걱정한다.
>
> _ 딴생각하는 마음 길들이기에서(TED 강연, 아미쉬 지하)

대부분의 조직에는 프리 라이더가 있기 마련입니다. 이들 때문에 묵묵하게 일하는 사람이 스트레스를 받아야 할까요? 제가 예전에 근무했던 직장에 프리 라이더보다 더한 '썩은 사과' A가 있었어요. 항상 부정적이고, 다른 사람과 협조하지 않고, 혼자 잘난 척했죠. 사장에게 동료를 험담하며 자신이 유리한 위치를 차지하려 했어요. 고객사에 가서도 매너를 보이지 않아 불만이 접수되었고, 그 고객사엔 더 이상 갈 수 없었죠. A

때문에 동료는 정신적, 신체적으로 고통을 받았습니다.

한 번은 같이 프로젝트를 한 결과물에 오류가 있어서, 주중에 나누어 작업하여 그다음 주 월요일에 고객사로 납품하기로 했어요. A를 제외한 모든 직원은 납기인 금요일에 맞춰 자신의 분량을 마무리했으나, A만 자신의 몫을 하지 않았습니다. A가 약속을 어긴 것은 비난받아 마땅하지만 잘못을 따지기 보다는 수습하는 방향으로 대책을 세웠습니다. 주말을 다 투자해도 A 혼자서 하기 어려운 분량이어서, 저를 포함한 몇몇 직원이 그의 몫을 다시 나누어 주말에 출근하여 마치기로 했습니다. 정작 A는 교회를 가야 한다는 핑계로 일요일에 출근하지 않았습니다. 하는 수없이 일요일에 나온 직원만 A가 애초에 했어야할 일을 마무리해야 했습니다.

가끔 프리 라이더나 A와 같은 썩은 사과 때문에 직장생활이 고달픕니다. 물론 직장에는 A와 같은 썩은 사과만 존재하는 건 아닙니다. 그런 것과는 차원이 다른 상사의 폭언이나 괴롭힘도 있습니다. 그런 상황에 처해 있다면 불평하거나 대충 일하거나 그것도 아니라면 아예 다른 직장을 찾아야 할까요?

전 이런 생각을 했어요.

'내가 현재 근무하는 곳이 가장 좋은 직장이다.'

최상의 직장이 되기 위한 기준은 무엇일까요? 월급을 많이 주는 곳? 복리후생이 좋은 곳? 정시 출퇴근하는 곳? 좋은 팀장이 있는 곳? 나를 인정해 주는 곳? 실력이 뛰어난 동료가 있어 자극받고 배울 수 있는 곳? 내가 성장하는 곳? 비전이 있는 곳? 여러 조건이 있겠죠. 하지만 분명한 점은 100퍼센트 만족스러운 직장은 그 어디에도 없다는 사실입니다. 지금 다니는 직장이 만족스럽지 못하여 이직하면 다른 곳을 가도 마찬가지입니다. 어떤 친구는 개미지옥을 피해 직장을 옮겼는데, 옮긴 곳이 파리지옥이었다고 후회하더군요. 현재 직장이 만족스러워야 다른 곳을 가더라도 후회가 없습니다. 저는 어떻게든 현재 직장을 좋아하려고 노력했습니다. 좋은 점이 있으면 더 감사하고, 개선할 사항이 있으면 적극적으로 의견을 개진했어요. 왜냐하면 제가 다니는 회사는 좋은 직장이니까 제가 좋게 만들 책임이 있다고 생각했어요.

A는 어떻게 되었을까요? "A가 다른 사람에게 나쁜 영향을 주니까 내보내야 합니다."는 직언을 사장님에게 했다가 오히려 저만 사장님의 미움을 샀어요. 사장님은 "A가 인간관계는 나쁘지만, 실력이 있다고 믿어."라고 말씀하셨죠.

사장님은 그를 놓치고 싶지 않았거든요. A 때문에 많은 사람이 상처받고 퇴사한 후에야 A도 결국 퇴사했습니다. 저 역시 참지 못하고 A보다 먼저 퇴사했지만 말이죠. 결국 사장님은 모든 직원을 놓쳤습니다.

저는 더 이상 정교한 시간 여행 전문가가 아닙니다. 한때는 잠시 과거를 후회하고 미래를 두려워했어요. 이제는 더 이상 과거에 연연하지 않아요. 후회하는 일이 순간 생기더라도 시간이 지나면 좋은 경험으로 남아 있습니다. A 같은 사람과 일했던 경험은 더 악랄한 동료를 만나도 이겨낼 수 있다는 자신감으로 무장해 줍니다. 불합리한 회사에서 스트레스 받으며 일했던 경험은 어떤 어려움도 견디는 소중한 자산이 됩니다. 어떤 경험도 지나고 나면 소중한 교훈으로 남았어요.

미래를 두려워하는 마음도 마찬가지입니다. 누가 두렵지 않겠어요? 어느 날 닥칠지 모르는 퇴직 통보, 100세 시대 은퇴 후 생계 걱정, 건강 걱정, 죽음의 공포. 온통 두려움 투성이죠. 이런 두려움 때문에 현실을 저당 잡히는 게 올바른 선택일까요? 그래도 저는 최후의 보루가 있어요. 《핸드메이드 라이프》, 《조화로운 삶》에서 얻은 지혜인데, 자급자족하는 삶입니다. 욕심만 버리면 미래는 걱정 없어요. 모두가 다 욕심에서 나오는 두려움입니다.

동료들과 하는 흔한 인사말이 있어요.

"언제 한번 밥 먹어요."

전 가급적 이 말을 하지 않으려 노력합니다. 즉시 일정을 확인하여 약속을 잡으면서 말하는 게 더 좋아요.

"이날 우리 밥 먹어요."

현재의 저는 과거가 만든 결과고, 미래의 저는 현재가 맞게 될 결과입니다. 자신이 멈춰 있는 이 지점, '지금, 여기, 나'가 가장 소중합니다. 현재를 차곡차곡 잘 쌓아가면 알찬 과거가 되고, 미래를 위한 밑거름이 됩니다. 살아 있는 날 중에서 가장 젊은 오늘, 여러분은 무엇을 할 건가요?

- 최상의 직장이 되기 위한 여러분의 기준은 무엇인가요?
- 현재에 집중하기 위한 여러분만의 방법이 있나요?
- 여러분은 미래에 대해 어떤 기대를 가지고 있나요?

CHAPTER 5

완벽하게 일을 처리할 수 있을까요?

나의 사랑, 일

일과 삶에서 최근 나는 삶 쪽으로 균형이 기울었다. 일인지 삶인지 비교하기 위해 저울에 재려는 의도는 물론 아니다. 그래서 더 이상 일과 삶의 균형이라는 용어를 사용하지 않는다고 한다. 일이 삶으로 연결되고 삶이 일로 연결되기에 일과 삶의 통합 혹은 하모니라는 용어를 사용한다. 나는 그 완벽한 통합의 길에 있다. 얼마 전까지만 해도 일이 전부라 믿었다. 그런 궁극의 열정을 경험했기에 통합도 가능한 게 아닐까?

주변을 돌아보면 일을 사랑하지 않는 사람이 제법 있다. 이들은 나의 유별난 일 사랑을 이해하지 못 한다. 왜 주말에 회사에 나가는지, 월요일을 기대하는 일요일의 마음가짐을 알지 못한다. 출근할 때마다 가슴 설레며 감사한 마음으로 출근하는 마음을 모른다. 유유상종일까? 다행스럽게도 나에겐 일을 사랑하는 친구들이 제법 있다.

교육이라는 직업적 특성에 따른 소명 의식 때문일까? 이 친구들은 대학원 동기, 후배다. 모두가 사람을 성장시키고 영향을 미치는 일을 한다. 우리 넷은 대학원에서 학업을 마친 후에도 주기적으로 만났다. 처음에는 그중 한 명이 인생 2막을 준비하려 했다. 그는 조언을 얻겠다는 목적으로 만남을 주선했다. 결국 인생 2막이라는 것이 원래 하던 일을 전문적으로 발전시켜 사업까지 이어지는 것이어서, 만나면 일 이야기를 더 많이 나눴다.

각자가 몸담는 회사에서 무슨 의도로 어떤 교육을 구상하는지, 어떻게 진행했더니 원하는 결과가 나왔는지 등 다른 업종에서 근무하는 친구들끼리 정보도 공유하고 도움도 주고받았다. 두세 달에 한 번 주말에 만나 일 이야기를 나눴는데 항상 시간이 부족했다. 다들 할 말이 많았고 공유할 정보도 넘쳤다. 그래서 1박 2일 워크샵을 주말에 떠나기도 했다. 제정신이 아니고서야 일을 더 잘해 보겠다는 이유로 주말에 1박 2일 워크샵을 떠날 수 있을까? 우리는 그렇게 일에 미쳐 살았다. 하루 종일 일 이야기를 하면서 서로 어떻게 자신의 분야에서 전문가가 될 수 있을지 의논하고 고민했다.

이런 이야기를 하면 다른 동료들은 믿지 않았다. 어떻게 주말에 개인적인 시간을 내어 일 이야기를 한단 말인가? 하지만 우리는 실제로 그랬다. 모두 자신의 분야에서 전문가로 성장하고 싶은 사람이었다. 또한 현재 하고 있는 일을 익혀 은퇴 후에도 그 분야의 전문가로 활동하고 싶은 마음이 컸다.

이중 한 명이 회사내 코칭을 도입하여 효과도 보았고 칭찬도 받았다고 했다. 본인이 직접 해 보니 코칭은 우리가 나아가야 할 방향 중 하나라고 함께 공부하자고 제안했다. 실제 그룹 코칭을 시연해 보니 직장인에게 도움이 되겠다는 생각이 들었다. 다수를 대상으로 하는 교육은 맞춤화에 한계가 있는데 코칭은 개인 맞춤화가 가능하고, 그 효과를 정확하게 알 수 있는 장점이 있다. 또한 정답을 주기보다는 문제를 스스로 해결해 나가도록 옆에서 가이드해 준다는 점도 매력적이었다.

나머지 세 명은 그날 이후 코칭 자격을 취득하기 위해 주말을 반납하며 필수 교육을 들었고, 이론 시험, 실기 시험을 거쳐 코치 자격을 취득했다. 그렇게 얻은 코칭 스킬을 업무에 적용하려고 노력했다. 리더 교육에 적용하거나, 직원 교육에 접목하거나, 실제 팀원을 코칭하는 코칭형 리더가 되었다.

2년 전 상담심리와 코칭을 접목하려고 상담심리를 공부하는 사람들과 더 큰 모임을 만들어 8명이 함께 스터디를 시작했다. 코칭과 관련된 교재를 선정하고 한 달에 한 번씩 모여 발제를 했다. 4명이 4년 전에 모여 시작한 모임은 2년 전부터 8명으로 늘어나서 지금까지 지속하고 있다.

그 과정에 긍정적인 변화가 있었다. 각자가 자기 분야에서 인정을 받았다. 넷 중 세 명은 본인이 바라던 직장으로 이직에 성공했다. 모두 이직에 취약한 40대 후반의 여성이다. 심지어 50대도 있다. 이 모든 게 일을 사랑한 결과다. 아무리 능력이 뛰어날지라도 좋아서 하는 사람을 이기기 어렵다. 우리 네 명 모두 일을 너무 사랑하다 보니 지금까지 현역에서 중심을 굳건히 지키고 있다.

생각해 보면 나는 스터디를 좋아한다. 혼자 있는 시간도 좋고, 혼자 공부하는 것도 좋지만, 다른 사람과 뭐든 함께 하면 신이 난다. 교육 업무를 맡은 이후로 사내든 사외든 스터디를 안 한 적이 없다. 기본적으로 영어 스터디를 지속적으로 운영하고, 업무나 업무관련 자격 취득을 위해 사외 스터디에 참여했다. 그 성공의 경험으로 지금은 코칭을 학습하는 스터디를 진행한다. 나는 직원에게 학습과 성장의 기회를 주는 일을 한다. 즉, 학습을 좋아하는 사람이, 다른 사람의 학습을 도와주거나 성장을 돕는다. 천직이 라고 말할 수 밖에 없다. 그러니 일이 노동이 아니라 즐거움이고, 일과 삶에 경계가 없다.

코칭도 마찬가지다. 사람에 관심이 많고 성장을 도와주고 싶은 마음이 큰 나에게 딱 맞는 도구다. 아무리 좋은 것도 자신에게 맞지 않으면 불편하다. 감사하게도 나에게 꼭 맞다. 그러니 사랑하지 않을 수 없다. 교육과 코칭은 계속 나와 함께 성장할 내 일이자 삶이다. 내가 이 일을 직업으로 선택한 이유는 부족하지만 다른 사람에게 도움을 주고 싶어서다. 내 삶의 의미는 '나 스스로 새로운 배움을 얻고 다른 사람에게 영향을 미쳐 함께 성장하는 것'이다. 나는 회사에 있는 구성원들이 자기 일을 제대로 수행하도록 지원한다. 교육, 코칭, 정보 공유, 커뮤니케이션, 정보 시스템 등의 다양한 개입으로 그들이 자기 일을 사랑하고, 동기부여 되어, 회사에 기여하도록 지원한다. 결국 그들이 회사에서 성장하도록 돕는다.

취미로 글을 쓰는 것도 역시 이런 이유다. 나는 사람으로부터 많이 배웠지만, 독서로도 많이 성장했다. 내가 책으로 도움받았듯이 다른 사람에게 책으로 보답하고 싶다. 내가 경험한 인생을 나누어 독자가 간접적으로 경험하고 성장하도록 도움을 주고 싶다. 일상에서 발견한 작은 기쁨과 깨달음을 글로 공유하여 그들도 무언가 느끼고 스스로 변하게 돕고 싶다.

최근 '나를 찾아가는 글쓰기'라는 온라인 글쓰기 수업을 개인적으로 시작했다. 글쓰기와 강의를 함께 하는 의미 있는 일이다. 참여자에게 내가 좋아하는 글쓰기의 길로 안내하고, 글쓰기로 자신을 찾아가도록 도움을 주고, 합평과 공유로 깨달음을 제공한다. 수업을 진행하는데 업무에서 배운 강의 스킬과 코칭을 적용한다. 이야말로 일과 삶의 통합이 아닌가? 좋아하는 개인의 삶을 일의 스킬로 누리니 말이다. 일에서 배운 것을 개인적인 삶에서도 써먹으니 일에 감사해야 할 것이다. 사랑할 수밖에 없다.

도전하느냐? 현실에 안주하느냐?

그것은 우리 삶의 딜레마입니다.

새로운 일을 도전하는 게 무섭기도 하지만, 도전하고 싶지 않나요?

하고 싶은 일을 하면 정말 유토피아적인 삶이 펼쳐지나요?

자신이 좋아하는 일을 하는 사람이 얼마나 될까요? 대부분은 어쩔 수 없이 경제적인 이유로 직장에 다니는 분들이 많을 거라 생각해요. 혹은 평생 좋아하는 일을 찾지 못하기도 하죠. 간혹 좋아하는 일을 하는 사람이 주변에 있기도 합니다. 하지만 항상 즐겁지 만은 않기 때문에 힘들다고 말합니다.

과연 하고 싶은 일을 하면 삶에 어떤 변화가 일어날까요? 정말 유토피아적인 삶이 펼쳐질까요? 제 경험에 비추어 이렇게 대답하고 싶어요.

"삶이 제 일을 따라오는 큰 변화가 있어요. 그렇지만 즐겁기만 하죠. 시간이 가면서 조금씩 희석되긴 하지만 변화의 물줄기는 제 일의 미래 방향으로 바뀌고 조금씩 점들이 연결된다고 할까요? 유토피아의 삶이 과연 현실에 있기나 할까요? 하지만 그럼에도 제 일로 행복과 감사의 마음은 느낍니다."

저는 엔지니어로 커리어를 시작했습니다. 제 적성과 상관없이 취업을 위한 선택이었죠. 그럼에도 일을 사랑해 보려고 부단히 노력했습니다. 다양한 비즈니스 요구에 따라 C언어로 프로그램을 짜서 제공했습니다. 처음에는 프로그래밍이 신기했기에 약간의 흥미도 느꼈습니다. 시간이 갈수록 욕심이 생기면서 이런 생각을 했어요.

'내가 정말 프로그램 개발을 좋아하는 사람이라면 시키지 않아도 스스로 무언가를 만들고 싶은 마음이 생겨야 하는 게 아닐까?'

저와 함께 일했던 과장님은 혼자서 워드프로세서를 개발하셨거든요. 한참 아래한글 프로그램이 유행하기도 했던 시절이라 저는 자괴감이 들었어요. 주변의 개발자들은 알아서 게임도 만들더군요. 요즘 모바일 앱을 뚝딱뚝딱 구현하듯이 말이죠. 하지만 저는 정말 하고 싶어서, 누가 시키지 않아도 프로그램을 개발하고 싶은 마음이 없었어요. 일을 잘해서 인정을 받고는 싶었지만 딱 거기까지였습니다. 그래서 답답했고 하고 싶은 일을 찾고 싶다는 욕구가 생겨났습니다.

직장을 다니면서 자신이 하고 싶은 일을 찾기도 어렵고, 찾았다 하더라도 그 일을 맡기도 어렵습니다. 저는 운 좋게 12년의 방황을 끝내고 새로운 직무를 선택할 수 있었어요. 처음에는 제가 좋아하는 일이라는 확신은 없었습니다. 다만 제가 배우는 것을 좋아하고 다른 사람의 성장에 영향을 주고 싶어 하는 사람이라는 걸 명확하게 알고 있었죠. 운명이었을까요? 어디서 용기가 났는지 조직개편을 준비 중이던 담당 본부장님께 찾아가서 이렇게 말했어요.

"본부장님. 우리 회사는 직원이 300명이나 되는데 아직 직원들을 체계적으로 교육하고 개발하는 사람이 없습니다. 제가 그 일을 담당하면 정말 잘할 수 있을 것 같은데요. 저에게 맡겨 주시면 안 될까요?"

지금 생각하면 낯 뜨겁습니다. 최소 연간 기획서라도 써 가지고 가서 프레젠테이션을 했어야 하지 않았나 하는 생각이 듭니다. 다행히도 본부장님은 흔쾌히 저를 받아주셨습니다.

"그래? 그럼 한 번 해 봐. 인사팀으로 발령 내지."

본부장님은 제 인생의 은인입니다. 그분이 제 제안을 받아

주지 않았다면 저는 어떻게 되었을까요?

저에게 정말 신기한 일이 발생했습니다. 제 직무가 인사팀 교육담당으로 바뀌는 순간 제 뇌가 변하기 시작했어요. 모든 것이 직원 교육으로 연결되었습니다. 책을 읽어도, 텔레비전을 봐도, 사람과 대화를 나누어도 그냥 스쳐 지나갈 사소한 아이디어도 모두 제 일의 일부가 되어 살아났습니다. 바로 제가 그렇게 원했던 '내가 정말 하고 싶어서, 누가 시키지 않아도 하고 싶은 마음'이 생겨났습니다. 그해 저는 영감을 주는 강사를 회사에 초빙해서 다양한 특강을 진행했습니다. 지금은 유명인이 되었지만 그 당시 저는 원석을 알아보고 미리 섭외했어요. 바로 그 마음 때문입니다.

한편으로는 부끄러웠어요. 12년 경력자이지만 교육 담당 업무는 처음이었으니 직무 전문성이 없었지요. 제가 선택한 직무를 잘하고 싶은 욕심이 생겼습니다. 12년에 걸맞은 직무 전문성을 모임과 학업으로 쌓았습니다. 이론적으로 공부하고, 실무를 직접 수행하면서 익히고, 같은 일을 하는 사람과 스터디를 했습니다. 직무를 잘하고 싶은 욕심 때문에 평일 저녁이나 주말에 열리는 각종 세미나에 참여했어요. 세미나로 충족되지 않는 주제는 마음 맞는 사람들과 스터디 모임을 만들어 학습했습니다. 직무를 바꾼 지 14년이 지난 지금도 욕심이 사라지지 않습니다. 오히려 갈수록 더 재미있고 잘하고 싶습니다. 현재는 코칭에 관심이 많아서 여력이 되는대로 코칭 학습 모임에 참여하고 있습니다.

일을 잘하고 싶은 욕심에 자발적 스터디를 하면 그로 인해 얻는 게 많았습니다. 같은 업무를 하는 사람들과 만나니 해당 업무의 트렌드를 잘 알 수 있었어요. 베스트 프랙티스를 서로 공유하기도 했는데 그 덕분에 경험이 확산되었어요. 제가 직접 해 보진 않았지만 다른 회사에서 어떻게 하는지 아니까 우리 회사에 적합한 기획을 할 수 있었어요. 같이 성장하려는 마음이 있어서 교육정보도 공유하였는데 덕분에 인증 코치가 되었어요. 좋아하는 일을 하는 사람들이 함께 모여 학습하니 나이가 있어도 각자가 원하는 직장으로 이직하는 데 성공했습니다. 하고 싶은 일을 하면서 생긴 작은 나비효과입니다.

결국 하고 싶은 일에 마음이 가고, 잘하고 싶은 욕심이 생겨 성장하는 선순환이 일어나는 변화를 경험한 셈입니다. 그런데 이게 또 미래까지 연결되는 것 같아요. 미래에 대한 두려움은 누구나 있지만, 저는 이 선순환 중간에 있는 점을 연결할 생각입니다. 교육담당업무로 해 오던 기획력, 프로그램 개발 능력,

퍼실리테이션 스킬, 코칭 스킬, 그리고 무엇보다 중요한 다른 사람의 성장을 도우려는 진정성으로 전문 강사, 저자, 비즈니스 코치가 되려고 합니다. 그런 미래를 생각하면 현재 제 업무를 열심히 그리고 즐기면서 하지 않을 수 없습니다. 현재에서 성공해야 미래에서도 초대를 받으니까요.

유토피아의 삶도 추가적으로 말씀드릴게요. 세상에 매일 즐겁고 행복한 일만 하는 사람이 과연 있기나 한 걸까요? 저도 그렇지는 않습니다. 어떻게 보면 허드렛일로 가득합니다. 일정을 관리하고, 사람들에게 알리고, 한 사람이라도 더 참여하도록 챙기고, 빠진 것은 없는지 돌아보고, 각종 문제 상황에 대처해야 하죠. 때로는 '누구나 다 할 수 있는 일이 아닌가?', '꼭 나여야 하는 이유는 무엇인가?'라는 질문에 자신감이 떨어지기도 합니다. 그럼에도 불구하고 제 일을 사랑하고 가능한 이 일을 계속하고 싶다고 생각했는데 그 이유를 아래 책에서 잘 설명해 주었어요.

> 당신이 사랑하는 일을 하지 마라. 당신은 당신이 사랑하는 일을 해서 먹고살 수 있는 행운아인가? 오래지 않아 더 이상 그것을 사랑하지 않게 될 것이다. 당신이 창출하는 가치를 사

랑해야 한다. 과정은 어렵지만 그 과정을 통해 창출되는 가치를 향한 당신의 사랑이 그 어려움을 정당화해 준다.

_《언스크립티드》 중에서

제 일이 만들어 내는 가치는 '다른 사람과 함께 성장하는 것'입니다. 유토피아는 현실에 없습니다. 여러분이 하고 싶어 하는 일의 가치는 무엇인지 생각해 보세요. 하고 싶은 일을 하는 과정에서 어려움이 있지만 그 가치가 여러분을 행복하고 감사하게 해 줄 것입니다. 하고 싶은 일을 하면 삶에 어떤 변화가 일어나는지 조금 짐작이 되시나요?

- 여러분이 좋아하는 일은 무엇인가요?
- 여러분이 잘하는 일은 무엇인가요?
- 여러분이 원하는 일의 가치는 무엇인가요?

변화가 꼭 필요할까요?

송인환 연세대 사회복지학과 교수가 쓴 2019년 중앙일보 1월 1일자 '삶의 향기' 칼럼 〈우리는 변할 수 있을까?〉에서는 사람은 변하는 부분도 있고 그렇지 않은 부분도 있다고 말합니다. 변하려면 문제 인식, 체계적인 계획, 꾸준하게 인내하는 것이 필요하다며 구체적인 방안까지 제시하고 있어요. 특히나 변해야 할 부분만 바꾸고 초심은 지켜야 한다고 조언하죠. 무엇을 바꾸고 간직해야 하는지 먼저 생각하는 게 중요하지요.

사람은 과연 변할까요? 항상 논란이 야기되는 질문입니다. 반면 '사람은 변한다 변하지 않는다'라는 논란의 중심은 항상 타인이지요.

"사람은 바뀌지 않더라. 본성은 변하지 않는다."

이런 대답을 하죠. 이런 말을 하는 당사자는 어떤지 묻고 싶어요. 여러분은 어떤가요? 변했나요? 변할 수 있다고 생각하나요? 저는 과연 변했을까요? 자문하면 '그렇다. 많이 변했다'라고 답하겠어요.

소심한 성격에서 활달한 성격으로 변했습니다.

고등학교 입학식이었어요. 저는 수줍음 많고 내성적인 소녀였지요. 입학식에서 앞에 서 있던 친구가 뒤로 다가와서 제 자리가 답답했지요. 차마 앞 친구에게 앞으로 당겨 서 달라는 말을 못 했어요. 그 정도로 소심하고 부끄럼이 많았습니다.

지금은 어떨까요? 친하지 않은 외국인 동료조차도 반갑게 다가가 인사하고 허그 합니다. 얼마 전 팀 동료가 저 같은 사람에게도 말하기 불편한 상대가 있냐고 물었습니다. 세상에 불편한 사람은 반드시 있지요. 저라고 없을까요? 그런 질문을 한 것은 그만큼 제가 활달한 성격으로 변했다는 의미겠죠. 이제는 새로운 사람을 만나도 먼저 말을 거는 게 불편하지 않으니까요.

무엇이 저를 바꾸었을까요? 사회생활이 저를 활달하게 바꾸지 않았을까요? 일을 하면서 저는 사회적인 인간이 되었습니다. 어쩌면 이게 제 본성인데 어린 시절에는 발현되지 않았는지도 모르겠어요. 하지만 사회와 세월의 힘이라 믿습니다.

사실을 중요하게 따지던 사람이 유연하게 받아들이는 사람으로 변했습니다.

젊은 시절 저는 수용하기보다는 옳고 그름을 따지는 사람이었습니다. 엔지니어여서 그랬는지 누군가가 그릇된 정보를 가지고 있으면 매뉴얼에서 찾아 잘못된 부분을 지적했지요. 동료와의 논쟁이 끊이지 않았습니다. 집요하게 증거를 찾아서 제가 정확하게 안다고 자랑했어요. 물론 제가 착각했었다는 증거만 밝혀지면 쿨하게 인정했지만요. 제가 똑똑한 사람이라는 걸 인정받고 싶었던 것 같아요.

지금은 어떨까요? 아직도 논리적인 근거 찾기를 좋아하긴 합니다. 하지만 타인에게 요구하거나 따지지는 않아요. 혼자 올바른 정보를 취득하고 가급적 공유하려고 노력합니다. 이제는 다른 사람의 실수나 그름을 유연하게 받아들입니다. 제 자신의 잣대는 예전처럼 엄격하지만 다른 사람에게는 유연한 잣대를 사용하지요.

저는 왜 변했을까요? 역시 사회화 때문입니다. 사람들은 지적받기 싫어하는 걸 알게 되었죠. 굳이 원하지 않는데 나설 필요가 없다는 걸 알았습니다. 또한 다른 사람에게 인정받기보다는 스스로 인정하는 게 더 소중하다는 사실을 깨달았죠. 그래서 다른 사람도 실수를 할 수 있고 굳이 지적하지 않겠다는 마음가짐을 갖게 되었습니다. 실제로 다른 사람과 관계 유지에 좋은 방법이기도 하죠.

변화를 거부하는 사람에서 즐기는 사람으로 변했습니다.

저는 일관성을 좋아합니다. 그래서 늘 같은 메뉴, 같은 자리를 선호하고 질리지도 않아요. 한번 시작한 일은 진득하게 끝을 봅니다. 큰 변화가 없는 한 만나는 사람도 계속 만나죠. 그렇게 변화를 즐기지 않는 사람입니다.

8년 전 아파트를 알아보던 때가 있었어요. 살 집을 구하는 것도 쉽지 않았지요. 더군다나 집을 보러 오라는 전화가 올 때마다 귀찮고 피곤했습니다. 빨리 결정하면 좋은데 계속 집을 보러 다니는 어중간한 상황이 스트레스였죠. 순간 마음가짐을 바꾸어 보았습니다.

'집 보러 오라고 할 때마다 즐기는 건 어떨까? 새 집을 구경하러 간다는 설레는 마음을 가져보면 어떨까? 스트레스를 받기보다는 즐겨 보자.'

마음을 고쳐먹으니 집 보러 다니는 게 즐거웠고 원하는 아파트를 빨리 구할 수 있었습니다. 변화를 받아들이는 것도 마음먹기에 달렸다는 깨달음을 얻었죠. 그 이후로는 변화를 받아들였고 이제는 변화를 즐기는 사람이 되었습니다. 변화라는 파도타기를 배운 셈이죠.

그럼 저는 무엇을 지켜야 할까요?

제가 저를 바라보는 모습과 다른 사람이 저를 바라보는 모습을 투명하게 지키고 싶어요. 저는 조하리의 창 가운데 '나도 알고 타인도 아는' 영역이 큰 편입니다. 그런 투명한 모습이 저를 상징한다고 믿어요. 늘 그랬듯이 일관성 있고 예측 가능한 사람이 되고 싶습니다.

주변의 지인을 잘 지키고 싶어요. 저는 혼자서도 에너지를 충전하지만 사람과 함께 있을 때도 에너지를 얻어요. 늘 다른 사람으로부터 배웁니다. 회사에서는 뛰어난 동료로부터 아이디어와 창의성을 배우죠. 함께 공부하는 친구에게서는 제 분야의 전문성도 배우고 따뜻한 마음과 배려를 배웁니다. 함께 글 쓰는 친구에게서는 독서, 글쓰기, 책쓰기 뿐 아니라 우정과 의리를 배웁니다. 이렇게 소중한 자산을 잘 지켜나가고 싶어요. 제 마음가짐을 잘 지켜야 관계가 유지될 것입니다.

칼럼에서도 언급했듯이 라인홀트 니버의 〈평안의 기도 serenity prayer〉에는 이런 문장이 있습니다.

> 우리가 변화시킬 수 없는 것을 받아들이는 평온함을, 변화시킬 수 있는 것을 변화시키는 용기를, 그리고 이 두 가지를 구별할 수 있는 지혜를 주소서.

변화시킬 수 없는 것과 변화시킬 수 있는 것을 구분하는 지혜가 중요합니다. 상대가 스스로 변하지 않는 한 변화시키기란 쉽지 않죠. 남을 변화시키려 하기보다 나 스스로 변할 게 없는지 돌아보는 건 어떨까요?

- 여러분은 사람이 변한다고 생각하나요?
- 여러분이 변화시키고 싶은 것은 무엇인가요?
- 여러분이 지키고 싶은 것은 무엇인가요?

전문가가 되려면 어떻게 해야 하나요?

여러분은 어떤 분야에서 전문가가 되고 싶은가요? 현재 일하는 분야에서 전문가가 되길 원하나요? 육아 전문가가 되길 원하나요? 아니면 삶의 전문가가 되고 싶은가요?

전문가가 되는 방법에 대한 연구는 많습니다. 누구든지 묘책을 가진다면 적용하여 전문가가 되고 싶기 때문입니다. 우리는 전문성 때문에 동기부여되기도 합니다. 전문가가 되고 싶은 마음이 사람을 움직이기도 합니다.

다니엘 핑크는《드라이브》에서 동기부여이론을 다음과 같이 설명합니다. 과거 반복적으로 일하는 단순한 업무 환경에서는 경제적 보상이나 처벌과 같은 외재적인 요인에 동기가 부여되었습니다. 반면, 사고 중심적이고 창조적 몰입을 요구하는 현재의 업무 환경은 집단의 목적과 자율성, 전문성과 같은 내재적 요인에 의해 동기가 부여되어야 성과를 창출할 수 있다고 주장합니다. 특별한 뜻이 있어 목적을 달성하고 싶거나, 자율성이 주어져서 스스로 뭔가를 해 보고 싶다던가, 한 분야의 전문가가 되고 싶은 욕구가 동기를 유발한다는 의미입니다. 동기부여가 우선이지만 동기만 있다고 전문가가 되는 건 아니겠죠.

최근 지인과 모임에서 상담 분야의 대가인 김모 교수님에 관한 이야기를 나누었어요. 그분은 통찰력이 뛰어난 나머지 내담자가 해결 과제를 숨긴 채 다른 이야기를 해도, 내담자를 꿰뚫는 질문을 던집니다. 모두가 그러한 통찰은 재능에서 오는 것이라고 입을 모았어요. 하지만 그 교수님은 자신의 재능은 5퍼센트 정도만 도움이 되었고, 나머지 95퍼센트는 오랜 기간 학습과 노력한 결과라고 말했습니다. 그 교수님의 말씀뿐만 아니라 우리의 경험으로 볼 때 한 분야의 전문가가 되기 위해서는 재능, 학습, 연습의 세 가지가 필요한 것 같아요.

첫째, 재능보다 노력과 같은 후천적인 능력이 중요하다고 말하지만 선천적인 재능을 무시하지 못합니다. 페이스북에서 유행했던 〈천재와 싸워 이기는 법〉(2005년 서울신문 기사)을 보면 우리가 천재라고 생각하는 이현세 작가도 주변의 천재 때문에 좌절하고 상처를 받았어요. 대부분은 그런 비교와 경쟁 때문에 포기하고 다른 길을 찾지만, 그는 도전하고 노력한 끝에 현 위치에 오르게 된 거죠. 하지만 주변을 둘러보면 우리가 아무리 노력해도 이겨낼 수 없는 선천적인 재능을 가진 친구가 많아요. 그들을 따라잡기란 쉽지 않습니다.

그러므로 자신의 타고난 재능이 무엇인지 찾는 게 중요해요. 자신이 타고난 재능을 잘 발굴하고 개발하는 게, 재능을 찾을 수 없는 분야에서 노력하고, 좌절하고, 상처받는 것보다 낫습니다. 여기에서 재능은 꼭 예술적인 것이 아니어도 됩니다. 생각이 많아 신중하거나, 남보다 공감을 잘하거나, 경청을 잘하거나, 대중 앞에 서는 게 두렵지 않다거나, 사람들과 잘 어울리는 것도 재능입니다. 이런 재능은 한 분야에서만 활용할 수 있는 게 아닙니다. 다양한 일에서 요긴하게 활용할 삶의 기본적인 태도가 될 수도 있습니다. 자신의 재능을 활용하여 어떤 분야의 전문가가 되고, 어떻게 즐겁게 일할 수 있는지 고민하는 게 더 중요합니다.

둘째, 기본적인 이론 학습이 필요합니다. 전문가가 되려면 이론적인 기초 소양이 필요합니다. 즉, 학습이 필요해요. 대학에서 전공을 선택하고 기초 이론을 공부하는 것도 이 때문입니다. 학습을 '아는 것'과 '할 수 있는 것'으로 나눈다면 이론 학습은 '아는 것'에 해당합니다. 특히나 이론을 꾸준히 학습하다 보면, 처음에는 모르던 것이 조금씩 아는 것으로 채워지고, 이들 간의 조합이 이루어지며 퍼즐이 맞추어지는 순간을 경험하게 됩니다. 최종적으로 모든 이론과 학문은 하나로 통합니다. 이론 학습만 하고서는 전문가라고 말할 수 없어요. 이론 학습과 병행해서 연습해야 합니다. 이론적 지식뿐 아니라 실천적 지식이 필요하다는 얘기죠.

셋째, 아는 것과 할 수 있는 것은 다르므로 의도적인 연습이 필요합니다. 체화해야 합니다. 의도적인 학습은 전문성을 쌓는 데 중요한 개념이나 많이 알려지지 않았습니다. 의도적인 학습은《1만 시간의 재발견》에서 자세히 설명하고 있습니다. '1만 시간의 법칙'이라는 용어는 말콤 글래드웰의《아웃라이어》때문에 유명해져 사람들은 그가 만든 용어라고 알고 있습니다. 하지만《1만 시간의 재발견》의 저자이자 플로리다 주립대 교수인 안데르스 에릭슨Anders Ericsson이 음악학교 학생을 대상으로 실력 향상에 중요한 활동을 연구하면서 밝힌 이론입니다. 뛰어난 학생은 혼자 연습하고 평균 1만 시간의 투자를 한다는 에릭슨의 연구를 발표하면서 이들의 경험을 의도적인 연습이라고 명명했습니다.《1만 시간의 재발견》에서는 의도적인 연습을 위해 구체적인 목표, 집중, 즉각적인 피드백, 안전지대를 자주 벗어나는 방법을 강조하고 있습니다. 물론 전문적인 코치가 있다면 그 효과는 배가 됩니다.

연습의 적용이라는 차원에서 조금 다르게 접근하여 주장한 학습전문가 에두아르두 에리세노Eduardo Ericeno의 TED 강연 〈관심분야를 더 잘할 수 있는 방법〉(How to get better at the things you care about)을 보면 좀 더 구체적으로 알 수 있어요. 그는 학습영역과 실행영역으로 나누어 설명합니다. 위에서 말한 이론 학습과 체화 학습과 유사한 개념입니다. 학습영역에서는 완전히 전문가는 되지 않았지만, 미래를 위해 실수를 저지르며 배웁니다. 학습영역에서 학습을 완료하면 실행영역으로 옮겨와서 실수를 최소한으로 저지르면서 완벽하게 실행합니다. 실행한 결과를 두고 성찰하여 부족한 부분은 다시 학습영역으로 옮기고, 학습한 후에 다시 실행영역으로 가져와서 더 완벽한 실행을 합니다. 이런 선순환을 위해서 피드백을 구할 수 있는 친구, 실행한 후 성찰, 먼저 질문하고 의견을 구하는 태도가 필요하다고 주장합니다. 학습은 한 번에 이루어지지 않고 실행하고, 연습하고, 노력하여 계속 반복할 때 완벽해진다는 의미입니다. 그렇게 하기 위해서 계속 고민하고, 피드백을 받고, 의견을 구해야 하는 거죠. 위에서 말한 의도적인 학습과 동일한 개념입니다.

선천적인 재능은 타고 나지만 찾는 게 중요하므로 자신을 제대로 알아야 합니다. 학습과 연습을 위해서는 열정을 가지고 지속할 수 있는 그릿Grit이 필요합니다. 학습과 연습이 중요한 줄 알지만 지속하지 않으면 의미가 없으니까요. 전문가가 되고 싶은 동기가 강력하거나, 학습과 연습의 과정 자체를 즐겨야만 가능한 일입니다.

- 여러분만이 가지고 있는 재능은 무엇인가요?
- 여러분은 어떤 분야에 열정을 가지고 지속하는 그릿을 발휘하나요?
- 여러분은 어떤 전문성을 쌓고 싶나요? 그렇게 하기 위해 쉽게 시작할 수 있는 작은 실천 방법은 무엇일까요?

월요병이 너무 싫어요

4킬로미터! 저에게 의미 있는 숫자입니다. 예전에는 버스나 지하철 두 정거장이 제가 걷는 최대 구간이었죠. 이제는 그 구간이 4킬로미터로 늘어나서 시간적 여유만 있다면 걸어 다닙니다. 바로 우리 집에서 회사까지 거리가 4킬로미터입니다. 엄두도 못 내었던 세 정거장에 이르는 거리를 한 번 걸어본 이후로 즐기고 있죠. 막상 4킬로미터 걷기를 경험하고 나면 생각보다 어렵지 않습니다. 처음엔 1시간 정도 걸리더니 이제는 50분 정도 소요됩니다.

특히나 휴일에 회사 가면서 걷는 4킬로미터는 저에게 큰 즐거움입니다. 평일 아침 지옥철에 매달려 세 정거장을 이동하는 것과 달리 여유롭죠. 휴일에는 출근 시간이 정해져 있지 않으므로 천천히 생각하면서 걸을 수 있어서 좋습니다. 길게 쭉 뻗은 거리가 마치 제 정원인양 저는 이런저런 관찰을 하면서 걷습니다. 얼마 전까지만 해도 봉오리만 맺혔던 노란 국화가 활짝 피어 반갑게 아는 척을 합니다. 잠시 부끄러움을 무릅쓰고 다가가 인사하듯 사진을 찍어요. 추석 명절이라 쉬었던 스타벅스는 손님을 맞이할 준비가 되었습니다. 이 거리의 주인처럼 오지랖 넓게 주변을 돌아보고 변화를 찾습니다. 그러다 보면 어느새 회사에 도착하죠. 휴일에 회사에 오면 좋은 점이 많아요.

'난 이렇게 휴일에도 나와서 일하는, 내 일을 사랑하는 사람이야!'라며 스스로 뿌듯함을 느끼죠.

어떻게 보면 "평소에 일을 제대로 못하는 사람이 굳이 휴일에 나와 생색내며 일한다."거나, "일과 삶의 균형도 모르고 휴일에 나와 일하는 것을 자랑이라고 하다니."라고 비난할 수 있죠. 하지만, 좋아서 나온 것이고, 회사에 있으나 집에 있으나 노트북 앞에 앉아 있을 건 마찬가지기에, 나온 것이니 지탄은 하지 말아 주세요. 저는 또 이렇게 변명을 대기도 합니다.

'난 단지 왕복 8킬로미터를 걷는 운동을 하려고 왔다가, 회사에서 잠시 쉬어 가는 거야. 그런 와중에 잠시 집중해서 일하는 거야.'

과연 저는 예전에도 휴일에 회사 나오는 걸 좋아했을까요? 약 20여 년 전 공공기관에 프로젝트를 수주하려고 엄청난 양의 제안서를 썼죠. 금요일에 심사를 진행했는데 기관 담당자가 제안서 보완사항을 알려주고 수정한 최종 제안서를 CD로 제작해서 월요일까지 제출하라고 했죠. 즉, 주말에 수정하고 CD로 제작해서 월요일에 전달하라는 의미였어요. 당시 전 프로젝트 리더도 아닌 팀원이었는데 주말에 나와 작업을 마무리했어요. 제가 맡게 된 이유는 기억이 잘 나지 않아요.

당시 저는 임신 8개월 차였어요. 만삭의 배로 주말에 나와서 제안서를 고쳤지만, CD 제작은 처음이어서 애를 먹었어요. 그러다 보니 가장 소중한 밥 먹을 때를 놓쳤어요. 배 속의 아이를 위해 밥을 먹어야겠다는 생각에 여기저기 전화했으나, 휴일이라 문을 연 식당이 거의 없었죠. 어렵게 찾은 중국집에 짜장면을 주문했는데, 한참 후 도착한 짜장면은 통통 불어서 잘 섞이지도 않았습니다. 아이 생각에 억지로 먹었는데 '눈물 젖은 빵'을 먹는 듯한 느낌에 울컥했어요. '내가 이렇게까지 주말

에 나와 일하고, 다 불어 터진 짜장면을 먹어야 하나?'

그 프로젝트를 마칠 때까지 그날 생각에 기분이 우울했어요. 지금 그런 일이 있다면 어떨까요? 해야 할 일은 그때나 지금이나 차이가 없습니다. 하지만 왜 기분이 다른 걸까요? 쌓인 일이 많아 휴일까지 회사에 나와 일해야 하는 상황은 동일하죠. 그때는 우울하고 서글펐는데, 지금은 기쁘고 설레기까지 합니다. 물론 일 자체와 주변 여건이 바뀌었죠. 당시는 시부모님과 함께 살아서 살림도 해야 했고, 임신도 했기에 제 몸 하나 가누기도 쉽지 않았어요. 이제는 아이들이 다 커서 시간적 여유가 있고 오히려 할 일 없이 보내는 휴일이 두렵게까지 여겨집니다. 그런데도 돌이켜보면 제가 그때 상황을 좀 더 긍정적으로 보지 못한 게 아닌가 싶어요.

'내가 휴일에까지 나와서 일해야 할 정도로 넘치는 일이 있어서 감사하다.' '내가 그래도 능력이 되니까 나를 믿고 일 마무리를 시킨 거겠지?' '배고팠는데 짜장면이라도 시켜 먹어서 다행이다.' '내가 이렇게 열심히 일하는 것도 다 태교가 되어 똑똑한 아이가 태어날 거야.'

이런 마음가짐이었다면 그렇게까지 슬프지는 않았겠죠. 그러면 '눈물 젖은 빵'이 아니라 '촉촉한 빵'으로 바뀌지 않았을까요? 그동안 직장 생활을 겪으면서 저는 많이 변했어요. 제가 그만큼 성장했거나, 나이로 인해 여유가 찾아온 게 아닐까요? 저의 긍정성과 열정, 에너지는 시간이 갈수록 늘고 있어요. 여전히 몸과 마음이 건강하게 성장하고 있어서 감사할 따름입니다. 덕분에 이번 추석 연휴 5일 동안 운동을 많이 했어요. 두 번 회사에 나왔으니 최소 16킬로미터 이상을 걸었죠.

휴일에 꼭 일하기보다 월요일 할 일을 간단하게라도 정리해 보면 어떨까요? 그러면 월요일이 부담스럽지 않습니다. 이미 할 일이 준비되어 있으니 출근길 발걸음이 가볍죠. 그리고 그 무엇보다 누가 시켜서라기보다 '내가 하고 싶어서'하는 마음으로 긍정적 사고를 해보세요. 일이 달라 보일 겁니다.

- 여러분은 휴일에 주로 무엇을 하나요?
- 여러분의 월요일 아침은 건강한가요?
- 긍정성을 유지하기 위한 여러분의 방법은 무엇인가요?

완벽하게 일을 처리할 수 있을까요?

여러분은 모든 일을 완벽하게 처리하는 편인가요? 저도 나름 꼼꼼하게 일 처리를 한다고 생각했지요. 그런데 과연 우리 삶에 완벽이라는 게 있기는 한 걸까요? 일에서 완벽을 추구하는 것을 이야기해 보려 합니다.

실수를 연속으로 하는 날이 있지 않나요? 제가 그랬어요. 매니저와 열심히 이메일을 주고받으면서 다른 부서 사람에게 보고할 파일을 작성하고 있었어요. 제가 먼저 초안을 만들어서 보낸 것에 매니저가 의견을 주면 그걸 반영해서 이메일로 보냈지요. 그렇게 주고받으며 수정하다가 결국 최종본을 만들었어요. 매니저에게 최종본을 보내면서 다른 부서 사람들에게 전해 달라고 메일을 보내고 한숨 돌리고 있었지요. 갑자기 다른 부서원이 와서 전달받은 메일 중에 잘못된 데이터가 있다고 알려 주었습니다. 설마 하고 다시 보니 없던 잘못된 데이터가 떡 하니 들어 있었어요.

'이미 매니저가 확인하고 다른 부서에까지 넘긴 파일에 오류가 있다니……. 왜 나는 완벽하지 못할까? 나름 꼼꼼하고 완벽하다고 자부하는 사람인데. 직장생활을 27년 넘게 했으면 실수하지 말아야 하는 게 아닌가?' 이런 자책을 해 봤지만 이미 늦었지요. 그런데 다시 보니 그것뿐 아니라 몇 개 더 잘못된 데이터가 있었어요. 어떨 수 없이 매니저가 다른 부서에 넘긴 메일에 전체 회신을 하면서, 어느 부분이 잘못되어 다시 전달한다고 메일을 보냈죠. '매니저는 나를 얼마나 실수가 많은 팀원이라 생각할까?'라는 생각을 했어요.

신기하게도 매니저가 다른 부서장에게 알린 또 다른 문서에서 오류를 우연히 발견했습니다. 또 수정하면 제 두 번째 실수를 매니저가 알게 될 텐데……. 그냥 모른 척 넘어가면 아무도 모를 사소한 실수이긴 했어요. 꼼꼼한 사람이 아니면 알 수 없는 작은 실수였죠. 정말 고민스럽더군요. 그냥 둬도 될까요?

아니면 자백하고 수정을 해야 할까요?

솔직히 전 그 작은 실수조차 용서되지 않았습니다. 할 수 없이 실수를 인정하고 팀 전체에 메일을 보내 '작은 실수이지만 다음 번 사용 때는 새 버전을 사용해 달라.'며 수정하여 보냈습니다.

이번엔 완벽하다는 생각이 들었습니다. 다른 부서에 문서를 첨부하여 이 문서를 표준으로 사용해 달라고 메일을 보냈습니다. 정말 어처구니 없게도 보내고 난 뒤 시간이 좀 지나, 정말 중요한 부분이 빠졌다는 걸 알게 되었습니다. 그냥 누락된 부분을 둔 채로 넘어가도 큰 문제는 아닐 것 같았어요. 아무도 알지 못했고 문의도 없었으니까요. 하지만 더 완벽한 문서가 되려면 누락된 부분이 꼭 들어가야 했어요. 할 수 없이 다시 메일을 보내 추가된 부분을 알리고, 변경된 파일을 첨부했습니다. 결국 그날 하루는 세 번이나 실수를 한 셈이죠. 모든 메일에 매니저를 참조했으니 매니저가 알 수밖에 없는 실수였습니다.

왜 실수는 미리 알지 못하고 저지르고 난 후에만 알게 될까요? 메일을 보내기 전에 그렇게 읽고 또 읽고, 보고 또 봐도 보이지 않던 실수가 왜 보내고 난 뒤에야 보일까요? 긍정적으로 생각한다면 제가 꼼꼼하고 완벽한 사람이기 때문에 보낸 후에라도 실수가 눈에 보인다고 생각해요. 완벽을 추구하지 않는 사람은 실수해도 실수를 했는지 모르니까요. 그러므로 꼼꼼하지 않은 사람은 한 번의 이메일로 끝날 수 있죠. 결국 나중에 다른 누군가가 잘못을 발견할 수도 있어요. 저처럼 완벽을 추구하는 사람은 보내고 나서도 생각하고 고민하다 보니 실수를 스스로 발견하고, 다시 수정해서 보내는 것입니다. 그러므로 누군가가 저처럼 메일을 보내고 또 수정해서 보내는 사람이 있다면 완벽을 추구하는 사람이라고 봐 주기 바랍니다.

《완벽의 추구》에서는 완벽주의자가 되기보다는 최적주의자가 되길 권합니다. 《마음 가면》에서는 완벽해질 필요가 없고 취약하더라도 있는 그대로 인정하고 드러내라고 합니다. 완벽을 추구하는 게 현실적으로 어려우니 최선의 방법을 찾거나 혹은 있는 그대로 인정하라는 거겠죠? 어쩌면 저는 아직 제 취약점을 드러내기보다는 완벽해지려고 애쓰는 사람 같아요. 차라리 제가 완벽하지 않다고 인정하면 더 마음이 편할 텐데 말이죠.

이런 긍정적인 마음으로 자신을 위안하고 이런저런 생각을 하면서 퇴근하다가 길에서 아는 사람을 만났는데 못 알아봤어요. 상대방은 저를 반갑게 아는 척했는데 미안하게 제가 늦게 알아봤어요.

'으아, 오늘은 정말 실수가 많은 날인가 보다! 집에 가서는 제대로 해야지.'

- 여러분은 완벽을 추구하시나요? 아니면 취약점을 드러내시나요?
- 일에서 실수하지 않으려면 어떻게 하면 좋을까요?
- 내가 실수할 때와 다른 사람이 실수할 때 받아들이는 느낌이 같은가요? 혹은 다른가요?

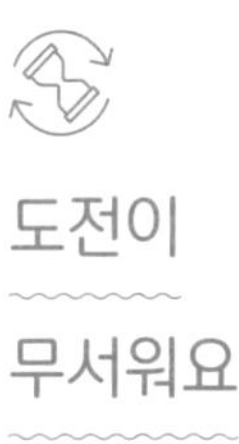

도전이 무서워요

도전하느냐? 현실에 안주하느냐? 그것은 우리 삶의 딜레마입니다. 여러분은 어떠신가요? 새로운 일을 도전하는 게 무섭기도 하지만, 도전하고 싶지 않나요?

결혼하기 전에는 도전을 많이 했을지도 몰라요. 결과가 성공이든 실패든 온전히 자신의 몫이었으니까 후회는 없었겠죠? 이제는 배우자도 있고, 자녀도 있으니, 내가 삶의 주인공이 아니라는 생각에 과감히 행동하기는 힘들 거라 생각해요. 그래서인지 저는 아이들을 다 키운 지금 더 많은 도전을 하고 있다고 생각이 했어요.

그런데 돌이켜 보니 전 도전을 많이 시도했고 즐겼더라구요. 처음에는 하기 싫은 분야의 일을 하면서, 그 일을 사랑하려고 노력했죠. 그래서 어떻게든 전문성을 확보하려고 자격증 취득에 도전했어요. 한 학기밖에 못 다녔지만 대학원에 진학하기도 했답니다. 늘 '도전이냐, 현실 안주냐?'가 제 딜레마였어요. 딜레마에서 벗어나려고 무엇이든 도전하자, 라고 자기암시를 늘 했어요.

어떤 도전이든 포기하지 않는 한 이룰 수 있어요. 기한을 정하지 않았다면 말이죠. 도전의 결과만으로 성공과 실패를 나눈다면, 성공은 도전하는 것이고, 실패는 도전하지 않는 것이죠. 그 도전이 너무 힘들 때면 스스로 이렇게 응원했어요.

"포기하지 말자. 긍정성으로 극복하자. 그래 어렵다. 어렵다는 거 안다. 하지만 포기는 하지 말자. 천천히 차근차근 무리하지 말자. 할 수 있다. 큰 기대를 안 하면 된다. 욕심부리지 말자."

'육아도 해야 하는데 안정적인 일을 하는 게 맞지. 굳이 어렵게 도전하는 게 맞을까?'라는 고민도 있을 겁니다. 어쩌면 그런 생각이 맞을지도 몰라요. 하지만 저는 좋은 엄마가 되기 위해선 사회적으로도 떳떳한 엄마가 되어야 한다고 생각했어요. 아이들 인생도 중요하지만 그보다 더 중요한 건 제 인생이라고 생각했거든요.

처음에는 개발자의 테두리에서 벗어나고 싶었어요. 아무리 생각해도 저는 프로그래밍을 사랑하는 사람이 아니었거든요. 프로그래밍을 사랑한다면 집에서도 코드를 짤 생각이 나고, 미치도록 프로그램을 만들어 보고 싶은 열망이 생겨야 할 텐데 그렇지 않았거든요.

개발자에서 완전히 벗어나고 싶었지만 쉽지 않았어요. 제 짧은 개발자 경력은 늘 꼬리를 물고 다녀서 새로운 직무를 도전할 때마다 그림자처럼 따라다녔어요. 전 조금이라도 그 테두리 내에서 다른 일을 하려 했어요. 서버 프로그램도 짜 보고, 서버 관리도 하고, 프로젝트 매니저도 해 봤어요. '피할 수 없으면 즐기자'라는 마음으로 말이죠.

1997년 IMF 외환위기에는 국내 기업에서 일했는데 임금이 체불되어 많이 속상했어요. 일과 삶의 균형이 이루어진다는 외국계 기업으로 이직하며 삶을 바꾸는 데 성공했죠.

처음에는 좋았어요. 당시 아들이 네 살, 딸이 두 살이었는데 정시에 퇴근할 수 있었지요. 아이들과 더 많이 놀아 주고, 아이들 공부도 신경 써 주었죠. 방문 학습지 선생님이 오셔서 영어를 봐주셨는데 우리 아이들 만큼 숙제를 완벽하게 예습하는 학생도 없다고 칭찬받았죠. 그때는 충분히 일과 삶의 균형을 누렸어요.

어느 날부터 일에 조금씩 불만이 생겼어요. 일도 그렇지만 전반적인 회사 분위기에 불만이었을까요? 제 나이 30에 외국계 기업은 답답한 환경이었어요. 한국화된 외국계 기업이어서인지 몰라도, 느슨하고 제대로 일하는 사람이 거의 없었어요. 영어만 잘하면 외국인 매니저에게 인정받아 손쉽게 승진하는 구조였지요. 그러니 열정을 가지고 자신의 일을 전문적으로 수행하는 롤모델이 한 명도 없었어요.

저에게는 그 직장이 아이 키우는 데 참 편하고 좋은 직장이지만, 남들처럼 살면 배우는 것 하나도 없이 바보가 될 것 같았고, 답답해서 미칠 지경이었어요.

마침 아는 분이 벤처 붐으로 새로운 회사를 설립하여 저를 등기이사로 초빙하셨어요. 또다시 전 딜레마에 빠졌죠. '도전이냐, 현실 안주냐?' 사실 그 외국계 기업은 사람들이 동경하던 꿈의 직장이었거든요. 급여도 나쁘지 않았고, 영유아에 대한 보육수당까지 주던 회사였어요. 덕분에 미국 출장도 비즈니스 클래스로 다녀왔죠. 그런데 결정적으로 '지금이 아니면 또 언제 도전할까?' 생각을 하고 꿈 같은 외국계 기업을 일 년 만에 그만두었습니다.

빅터 프랭클은《죽음의 수용소에서》에서 도전장을 던지라고 말합니다.

> 사람은 어느 정도 긴장 상태에 있을 때 정신적으로 건강하다. 그 긴장이란 이미 성취해 놓은 것과 앞으로 성취해야 할 것 사이의 긴장, 현재의 나와 앞으로 되어야 할 나 사이에 놓여 있는 간극 사이의 긴장이다. 이런 긴장은 인간에게 본래부터 있는 것이고, 정신적으로 잘 존재하기 위해서 필수불가결한 것이다. 따라서 우리는 인간의 내면에 잠재되어 있는 의미를 찾을 수 있도록 도전장을 던지는 일을 주저해서는 안 된다.
>
> _《죽음의 수용소》 중에서

시간이 흘러 등기이사로 갔던 그 벤처가 망해서 또 다른 시련을 얻었지만, 아직도 그때의 도전을 후회하지 않아요. 이후에 저는 제 정열을 둘 곳이 없어 방황하던 개발자의 테두리에서 벗어나는 도전에 성공했어요. 다행히도 같은 회사 내에서 직무를 이동했기 때문에 급여가 깎인다거나, 처음부터 시작하는 일은 없었어요.

만일 여러분이 하는 도전이 정말 밑바닥부터 다시 시작해야 한다면, 약간의 대책부터 마련하고 시작하길 권합니다. 도전도 좋지만 우선 살아야 하니까요. 부부 중 한 사람이라도 안정적인 수익이 있다면 한 사람은 도전할 수 있겠죠. 새롭게 도전했던 배우자가 좀 안정을 찾은 후에 다른 배우자가 도전하면 어떨까요? 저는 직무 전환이라는 도전을 사내에서 쉽게 시도했지만 그다음의 도전이 컸어요. 스스로 전문성이 부족하다고 느껴서 새로운 직무를 처음부터 학습했어야 하니까요.

35세에 직무를 바꾸었고, 일하면서, 아이들을 키우고, 그리고 토요일에 하루 종일 대학원을 다녔습니다. 대학원에서 과제가 많았는데 평일 저녁에 아이들을 돌보고, 살림을 하느라 거의 시간이 없었어요. 그때 아이들은 초등학교 5학년, 3학년이었지요. 대신 일요일에 집중해서 과제를 했습니다. 아이들이 늦잠 자는 동안, 일요일 새벽부터 일어나서 과제와 공부를 했지요. 아이들이 일어나면 나들이도 가고, 놀아도 주었는데 참 시간이 많이 부족했어요.

그럼에도 어려움을 극복할 수 있었던 이유는 제가 좋아하는 분야의 일을 하는 데 필요한 전문성을 쌓는 과정이어서였죠. 그리고 무엇보다 전 수업에서 새로운 걸 배우는 게 좋았고

학교로 다시 돌아가서 너무 설레었죠.

여러분이 도전을 쉽게 못하는 이유는 도전으로 인해 생기는 위험을 걱정하기 때문이에요. 도전으로 포기해야 하는 위험이 크다면 결정은 신중해야겠지요. 하지만 시간이 지나면 그 위험이 사소한 것으로 바뀌거나, 위험 때문에 새로운 기회가 생길 수도 있습니다. 제가 30세에 편한 외국계 회사를 박차고 나온 것처럼 말이죠. 나중에 43세에 다시 외국계 기업에 들어갔는데 그때는 편하다고 느꼈어요. 첫 외국계 회사는 젊은 시절의 제 열정을 담기에는 부족했어요.

그런 도전이 있었기에 지금의 제가 있다고 생각합니다. 도전을 할까 말까 망설여진다면 우선 작게나마 시작했으면 좋겠어요. 스스로 감내할 수 있는 도전인지, 아니면 막연한 상상이었는지 알게 됩니다. 도전에 어떤 준비가 더 필요한지도 알게 되겠지요. 다른 일을 해보고 싶다면 주말에 그 일을 경험하는 활동을 해보는 것도 좋습니다. 그러면 내가 정말 그 일을 하고 싶은지 아닌지 알 수 있겠죠.

위험이 크다고 생각되지만 마음이 가면 도전해 보세요. 가슴이 뛰는 일이 있는데 도전하지 않는다면 그것만큼 어리석은 일도 없어요.

마음이 가는 대로 도전하면 세상이 그에 맞게 바뀌더군요.

여러분의 도전을 응원합니다.

- 작게나마 지금의 상황에서 시작할 수 있는 도전은 무엇일까요?
- 진심으로 원하는 도전을 위해 조금이라도 준비할 것은 뭘까요?
- 나의 도전을 지원할 조력자는 누구인가요?

CHAPTER 6

일과 삶을 대하는 태도

김밥에 얽힌 사랑과 육아

아이가 초등학교 때 일이었다. 알림장에 소풍 간다고 김밥과 간식을 준비하라고 했다. 약간 고민이 되었다. 김밥! 과연 잘 쌀 수 있을까?

정말 맛없고 심심하면서 제대로 말리지 않은 김밥을 먹어 본 적이 있는가? 내가 바로 그런 김밥을 말았던 사람이다. 내가 태어나 최초로 쌌던 김밥이 그랬다.

대학교에 입학해서 어리바리하게 1학기를 지내고 2학기를 맞이했다. 1학기 때는 테니스 동아리에 가입했는데, 매일 테니스만 연습하느라 힘들고 재미도 없었다. 2학기에는 다양한 사람을 만날 수 있는 동아리에 가입하고 싶었다. 새 학기를 맞아 동아리 소개를 하는 곳을 지나다니다 눈에 띄는 동아리를 발견했다. 아니 눈에 띄는 남학생을 보았다. 키도 크고, 얼굴도 하얀, 어린 왕자가 서 있었다. 여러 학과가 모여 봉사 활동 하는 동아리란다. 그에게 반해 아무 생각 없이 가입했다.

A는 같은 학번이어서 금세 친해졌다. 그는 회장이, 나는 부회장이 되어 단짝처럼 일했다. 선배들도 우리가 사이좋게 동아리 모임을 잘 꾸려나가는 걸 좋아했다. 그해 우리는 많은 행사를 진행했는데, 그중 하나가 지리산 MT였다. 3박 4일 동안 지리산을 종주하는 험난한 코스였다. 처음으로 도전한 지리산 캠핑이었는데 불편한 점이 많았다. 밤에 화장실이 가고 싶어 A에게 같이 가달라고 부탁했다. 산 정상이라 무섭기도 했고 A가 든든하기도 했다. 볼일을 보고 텐트로 돌아오면서 무심결에 하늘을 쳐다보았다. 칠흑같이 어두운 밤하늘에 별이 가득했다. 알퐁스 도데의 《별》이 생각났다. 어쩌면 우리는 함께 유성을 봤는지도 모르겠다. 지금도 A를 생각하면 지리산의 밤하늘이 생각난다.

우리는 동아리 임원진으로 남사친, 여사친의 관계를 유지했다. 사실 동아리 가입 때부터 A를 짝사랑했다. 여러 정황상 A는 나를 여자라기보다는 여사친으로 생각하는 것 같았다. 그래서 티

내지 않고 남사친인 척 그를 대했다. 그러던 어느 날 청천벽력과 같은 소식을 들었다. A가 군대에 간다고 했다. 어떻게 하면 좋을지 몰랐다. 당연히 고백할 생각은 없었고, 단지 그에게 기억에 남는 선물을 해 주고 싶었다. 바로 그가 군대 가는 날 기억에 남을 맛난 김밥을 싸 주는 것이었다.

한 번도 김밥을 말아 본 적이 없던 나는 새벽부터 일어나 햄과 당근을 볶고, 시금치도 무치고, 계란도 지졌다. 드디어 김밥을 말 준비가 되었다. 우여곡절 끝에 어떻게 말아는 보았으나 모양도 별로고 맛도 없었다. 처음 싸 보는 거라 실력도 없었고, A가 떠난다는 슬픔에 더 엉망이었다. 부끄러운 마음으로 떠나는 A에게 김밥을 건넸다. A는 과연 그 김밥을 맛있게 먹었을까?

퇴근해서 아들에게 물었다.

"김밥 어땠어? 맛있게 먹었어?"

"응, 엄청 맛있었어. 다 먹었어."

"소풍 가방 어디 있어?"

"아 맞다! 깜박하고 산에 두고 왔다."

못 말리는 내 아들. 학교 가서 책가방 잃어버리고 올 아들이다. 아들은 김밥을 정말 맛있게 먹고 가방을 깜박하고 온 걸까? 아니면 김밥이 너무 맛이 없어서 버린다는 게 가방까지 버린 걸까? 아들은 학교에 다니며 책가방뿐 아니라 수많은 물건을 잃어버렸다. 사준 우산만 수백 개다. 회사에서 창립기념일 선물로 받은 브랜드 바람막이를 아들에게 선물했는데 당일 버스에 두고 내렸다. 못 말릴 건망증이 아닌가.

자신의 물건을 제대로 챙기지 못하는 아들과 모든 것을 제자리에 두어야 마음이 편한 나는 늘 다툴 수밖에 없었다. 난 항상 잔소리하는 사람이었고 아들은 대충 넘어가는 능구렁이였다. 그런 아들을 받아들이고 이해하는 데 오랜 시간이 걸렸다. 어린 왕자를 보고 첫눈에 반한 것처럼 아들을 있는 그대로 사랑했다면, 또는 관계에 더 집중했다면 어땠을까? 늦었지만 이제는 그런 아들을 존중한다. 중요한 것은 아들과의 관계가 아닐까? 내가 아들의 인생을 책임질 게 아니므로……. 그 이후로 아들이 소풍을 갈 때면 난이도가 높은 김밥 말기보다 싸기 편한 유부초밥으로 대신한다. 참 간편하고 좋다.

저에게는 일과 삶 모두가 중요합니다.

일도 잘하고 싶고 제 삶도 알차게 꾸리고 싶어요.

이게 바로 일과 삶의 조화가 아닐까요?

일과 육아 그리고 취미생활까지요?

몇 년 전만 해도 "취미가 뭐예요?"라는 질문에 답하기가 어려웠어요. 보통 독서 아니면 음악 감상이라고 대답했으니까요. 전 국민의 취미가 다 비슷하다니 말이 안 되는 거잖아요. 그만큼 우리가 팍팍한 삶을 산다는 증거라고 할까요? 어쩌면, 면접을 볼 때 말하는 것이나, 이력서상에 형식적으로 기입하는 게 취미가 아니었나 싶어요. 물론, 학창시절에는 공부하기 바쁘니 취미 개발하기가 어렵긴 했죠. 사회 초창기 시절에는 다들 일하기 바쁘니 취미는 고상한 사람이나 향유하는 문화적 자본에 불과했던 거죠.

근래에 들어 많이 달라졌어요. 워라밸(work-life balance, 일과 삶의 균형)이라는 용어가 자연스러울 정도니까요. 면접을 봐도 스킨스쿠버, 패러글라이딩, 오지 여행 등 독특한 취미활동을 즐기는 젊은 친구가 많더군요. 이렇게 왕성한 취미 활동을 하다가도 가정을 꾸리면 일과 육아를 동시에 펼쳐야 할 텐데 그게 감당이 되겠어요? 취미생활을 한 지가 언제인지 모를 정도로 숨 가쁜 나날을 보내겠죠. 아이를 키우면 취미는 고사하고 영화관이나 커피숍을 갈 형편조차 못 되거든요. 그래서 태교 여행이 유행인 것 같기도 해요. 제가 육아하던 시절에는 산후조리원도 없었고 태교 여행은 더더욱 존재하지 않았어요. 물론, 육아휴직은 꿈꿀 수조차 없었고 출산휴가는 겨우 2개월에 불과했죠. 지금은 육아에 도움을 주는 제도와 사회적 환경이 조성되어 다행이긴 합니다.

생각해 보면 저는 취미라고 딱 꼬집어 말할 수 있는 게 없었어요. 다만, 직장 일을 하면서 주어진 자투리 시간을 전략적으로 활용하려고 애를 썼어요. 아마도 저는 시간 관리가 취미였던 것 같아요. 결혼하기 전에는 퇴근 후나 주말 시간을 흘려 보내기가 아쉬워 파트 타이머로 번역을 했어요. 돈을 벌기보다는 영어공부에 매진하고 싶어서 번역 일을 자청했죠. 돈을 받고 번역하려면 전문적인 지식이 필요하니 집중해서 번역할 거라 믿었죠. 덤으로 공부까지 되겠다는 판단도 들었죠. 주말에 하릴없이 시간을 보내기 보다 무언가를 성취했다는 뿌듯함을 느끼고 싶었어요.

그런 생활 습관은 결혼하고도 지속되었어요. 신혼집 근처에 있던 구립 도서관 옆에는 문화센터가 있어서 다양한 프로그램에 참여했죠. 그때 도자기를 배웠어요. 아이를 낳고 나서도 적어도 일주일에 한 시간 이상은 저를 위해 투자했어요. 직장을 다녔지만 일 외적으로 개인 취미활동을, 뭔가를 배우는 것이었지만, 경험해야 제가 살아있다는 느낌이 들었어요.

아이가 어릴 때는 아이와 함께 할 수 있는 취미활동을 했어요. 아이들 인라인 스케이트를 살 때 제 장비도 구입했죠. 저도 아이들처럼 헬멧을 쓰고 탔어요. 스키장에 가서도 같이 스키를 탔어요. 보드도 같이 배웠죠. 집 근처 대학에서 주말마다 하던 스포츠 교실에 등록해서 같이 운동과 레크리에이션을 했어요. 아이들의 운동을 위한 것이었지만 저도 아이와 같이 즐겼죠. 아이들과 함께 운동하고 놀다 보니 제 딸은 주변 언니와 헛갈려서 저를 '언니'라고 부를 때도 있었어요.

이사를 하면서도 늘 문화센터나 구민회관, 도서관 위치를 먼저 파악하고 제공하는 프로그램이 무엇인지 확인했어요. 제일을 본격적으로 사랑하기 전까지는 스케치, 아크릴화, 글쓰기, 스토리텔링 수업을 들었고 요가는 이제 10년 이상 지속하고 있어요. 제가 하고 싶은 일을 찾은 후에는 일의 전문성을 쌓기 위해 일과 관련된 다양한 학습 활동을 했어요.

일례로 자격증을 따기 위한 스터디는 일 년을 지속했는데 일요일마다 멤버들과 만났어요. 당시 우리 아이들이 9살, 7살 때였어요. 매일 직장 다니느라 아이들과 시간을 못 보냈는데 매주 일요일은 스터디한다고 또 3~4시간을 외출했죠. 그 외에도 크고 작은 세미나와 온·오프 모임에 참여하고 대학원까지 다니느라 주말에는 늘 풀타임 엄마가 아니었어요. 그나마 다행인 것은 주 5일 근무가 정착되어 주말 중 하루는 아이와 놀아줄 수 있었던 점입니다.

그렇게까지 제 인생이 중요했던 것일까요? 아이들이 한창 클 때는 옆에서 같이 시간을 보내 줬어야 하는 게 아닐까요? 글쎄요. 다시 돌아간다고 해도 전 제 취미활동을 했을 것 같아요. 일단 제가 행복해야 아이들도 행복하다고 믿어요. 아이들 인생도 중요하지만 제 인생도 소중하죠. 아이들이 다 크고 난 후 남게 될 제 인생이 두려웠어요. 오히려 육아를 해야 하니 평일에는 회사만 다니고 주말에는 아이들 하고만 시간을 보내라고 했다면 저는 견디지 못했을 것 같아요.

다행히 시어머니께서 아이를 돌봐 주셨어요. 원래는 시어머니 연세가 너무 많으셔서 제가 돌봐야 한다는 생각에서 시작한 시집살이였는데 자연스럽게 제가 아이를 낳으면서 손주를 봐 주셨어요. 시어머니와 함께 살면서 아이를 맡긴다는 게 100퍼센트 만족스럽진 않았지만 좋은 점이 더 많았어요. 적어도 제 취미생활을 하는 데 있어서는 말이죠. 평일 저녁이나 주말 하루 정도 취미활동을 위해 집을 비워도 눈치 보지 않고 아이를 부탁할 수 있었으니까요.

참고로 저희 시어머니가 아주 적극적으로 육아를 도와주시진 않으셨어요. 인생에서 일방적이기만 한 것은 없습니다. 제가 무조건적으로 육아의 도움을 받은 게 아니어요. 그야말로 아이를 정해진 시간 내에만 돌봐 주신 게 다입니다. 아이들에게 필요한 것, 분유, 기저귀, 물, 간식, 이유식, 옷 등을 미리 다 편하게 사용할 수 있도록 준비하고 정확한 가이드를 드렸어요. 귀가 후에 식사 준비, 뒷정리, 설거지, 빨래, 청소는 다 제 몫이었어요. 제가 마음 놓고 일과 후에 시간을 가지는 것만으로도 감사했다는 의미입니다.

전 그리 많은 취미활동을 하지 않았다고 생각했어요. 어쩌면 하나의 취미에 전적으로 빠져서 오래도록 지속하지 않고, 각종 취미를 조금씩 여러 개 시도하다 보니 취미활동을 하지 않았다고 생각한 것 같아요. 최근 저는 글쓰기를 사랑하게 되었어요. 돌아보면 어린 시절부터 일기를 썼고, 젊을 때도 글쓰기 수업이나 특강을 조금씩 들었고, 각종 글쓰기 행사에도 참여했어요. 한 번도 글쓰기가 제 취미가 될 거라는 생각을 하지 못했어요. 글쓰기라는 취미는 수호천사처럼 늘 제 옆에 머물면서 간택되길 기다렸는데 저는 모르고 살았어요.

자신도 없었고 여유도 없었어요. 저 자신을 돌아보지 못하고 바쁘게 앞만 보고 달려왔으니까요. 달리면서 살짝 주변 풍경을 즐기긴 했으나 달리기를 멈추고 쉬어가진 않았어요. 이제 전 잠시 멈추었어요. 눈앞에 펼쳐진 길 만이 제가 갈 길이 아니라는 것을 알았어요. 옆길도 가보고 숲속 길도 가보고 있어요. 여기저기 돌아보며 천천히 구경하고 있어요. 어쩌면 치열하게 젊은 시절을 보냈고, 아이들이 다 컸으니, 이제야 누리는 호사인지도 모르겠어요.

제 일은 여전히 가시밭길이고 헤쳐 나가야 할 게 많아요. 근무 중에는 화장실 갈 틈도 없이 뛰어다니며 회의에 참여하고 일하다 보면 차분히 생각을 정리할 시간도 부족할 지경이죠. 일을 마무리하고 퇴근할 때 가슴이 뛰니다. 퇴근 후에는 제 삶이 기다리고 있으니까요. 제 속의 열정과 에너지를 삶에서 마음껏 발산하고 개운한 마음으로 다음 날 출근합니다. 일과 삶의 균형이 아니라 일과 삶의 조화, 통합입니다.

- 개인의 삶에서 열정을 다해 누리고 싶은 취미는 무엇인가요?
- 작게나마 취미를 위해 지금 시작할 수 있는 것은 무엇일까요?
- 여러분의 취미활동을 도와줄 사람은 누구인가요?

미래는 어떻게 준비해야 할까요?

우리의 미래는 갈수록 불투명해지고 있습니다. 불과 몇 십 년 전만 해도 미래를 예측할 수 있었지만, 이제는 점점 알 수 없는 세상으로 변하고 있어요. 요즘은 덜 하지만 '4차 산업혁명'이라는 용어가 처음 나왔을 때, 인공지능이 인간의 삶을 지배할 것처럼 우리 모두를 공포에 몰아넣기도 했어요. 알 수 없는 미래를 도대체 어떻게 준비해야 할까요?

저희 부모님은 평생을 재래시장에서 장을 보며 사셨습니다. 그런데 동네에 대형 마트가 생긴 후 패턴이 바뀌었어요. 두 분이 다정하게 배낭을 메고 마트에 가서 물건을 카트에 담아 계산을 하시더군요. 손때 묻은 배낭에 물건을 담고 포인트까지 적립 받는 광경을 보고 깜짝 놀랐습니다. 세상이 바뀌니 어른도 변한다는 것을 알았죠. 두 분의 변화에 꽤 놀랐어요. 한편으로는 과연 저는 앞으로 다가올 미래의 속도를 따라갈 수 있을지 걱정이 앞섰어요.

제가 회사에 입사했을 때만 해도 인터넷은 고사하고 개인용 컴퓨터조차 없었죠. 컴퓨터를 쓰려면 늦은 시간까지 차례를 기다려야 했지요. 두 명당 한 대의 컴퓨터를 이용해야 했거든요. 특히 제 동료는 한번 자리에 앉으면 몇 시간 동안 일어나지 않았어요. 그때에 비하면 지금은 업무 환경이 크게 바뀌었어요. 스마트폰으로 메일, 인터넷, 전자 결재까지 모두 처리하죠. 현재는 모니터 세 대를 연결하여 업무를 하죠. 게다가 클라우드로 자료를 공유하는 세상이 되었죠.

이렇게 가파르게 변화하는 세상에서 우리는 무엇을 준비하고 살아야 할까요? 어떻게 살아야 할까요? 여러분은 앞으로 다가올 미래를 어떻게 준비하시나요?

가정을 꾸리고 육아를 하는 부모는 미래를 어떻게 준비할까요? 아무래도 재테크에 관심을 가질 수밖에 없겠죠. 들어오는 수입은 일정한데 아이 교육비는 부담스럽고 부모님 용돈도 챙겨 드려야 하죠. 정작 자신의 노후대책은 돌보지도 못합니다. 1955년부터 1969년 사이에 출생한 베이비 붐 세대와 386세대는 위, 아래를 다 챙겨야 하는 그야말로 낀 세대죠.

수도권 집값이 점점 상승하여 2020년 1분기 KB국민은행에서 조사한 자료에 따르면, 가구 소득 대비 집값 비율을 나타내는 PIR Price to Income Ratio 기준으로 11.7년치 연봉을 모아야 서울에서 아파트를 살 수 있다고 합니다. 내 집 마련의 길도 쉽지 않아 보입니다. 여기서 11.7년은 연봉을 하나도 쓰지 않은 기준이므로 먹고 살면서 집을 사려면 더 많은 시간이 필요하겠죠?

저 역시 아이를 키우면서 재테크에 관심이 많았어요. 회사에서 제공하는 재테크 특강도 듣고, 재무 설계사에게 생애 주기에 따라 자금이 얼마나 필요한지, 노후를 대비하기 위해 얼마나 저금을 해야 하는지 상담을 받기도 했지요. 직장인이다 보니 절세에 신경을 더 많이 썼어요. 은행에 저금을 할 때는 가급적 높은 이자를 주거나 절세할 수 있는 곳을 찾았고, 대출은 가급적 이율이 낮은 은행을 이용했어요.

친구 중에는 적극적으로 부동산에 투자해서 아파트를 한 채 더 사기도 했고, 상가를 분양받아 직장에서 받는 월급 외에도 부수입을 올리는 친구도 있어요. 재테크 스터디에 참여하여 주식분석으로 용돈을 짭짤하게 버는 동료도 있고, 최근에는 비트코인으로 대박 난 젊은 동료도 봤어요. 사람마다 자신의 적성과 스타일에 맞는 재테크가 있어요. 자신에게 맞는 방법을 찾아 스트레스받지 않고 미래를 대비하면 좋겠어요.

다양한 재테크 책을 섭렵하던 중 저에게 큰 위로를 준 책이 있어요. 박경철의《시골의사의 부자경제학》에서는 '부자가 되는 투자법'을 찾기 전에 먼저 다음의 세 가지 기준을 숙지해야 한다고 말합니다.

첫째, 자기 스스로 만족할 수 있는 부자의 기준을 마련하라.

둘째, 자신의 능력을 향상시켜 자산 가치를 높이도록 노력하라. 가능하면 안정적이고, 오래 할 수 있으며 앞으로도 가치를 인정받을 수 있는 능력과 일을 만드는 것이 중요하다. 재테크로 부자가 되려는 것보다 자신의 가치를 높여서 부자가 되는 것이 더욱 현명한 방법이다.

셋째, 은퇴 후 노후자금은 투자수익률을 올리는 비율의 개념으로 접근해야 한다.

저는 둘째 기준에 매료되었어요. 기억은 잘 나지 않지만 주식이나 부동산은 수익이 안정적이지 않으므로, 돈은 은행에 저축하고 자신을 계발하라는 의미로 이해했어요. 자신의 가치를 올리는 데 집중하면 연봉이 올라가겠죠. 반면 이곳저곳 기웃거리다 보면 수익도 떨어지고 가치도 떨어지지 않을까요?

저는 이 책을 읽은 후에 저에게 더 집중했습니다. 월급의 일부는 적금을 들었고, 피치 못해 빚이 생기면 빚을 먼저 갚았습니다. 재테크에 들여야 할 노력과 시간을 자기계발에 투자했습니다. 스스로 가치 있는 사람이 되는 게 진정한 재테크가 아닐까요? 재테크보다는 자기계발이 좋았고 그게 재테크라는 핑계로 위안을 삼았어요.

자기계발을 한다고 해서 미래가 보장되지는 않죠. 저는 교육 전문가가 되려고 해당 분야에서 일하며 전문성을 쌓았어요. 그러다 보니 욕심이 생겨 박사학위까지 받았습니다. 어떤 사람은 박사학위만 받으면 장밋빛 미래가 펼쳐질 거라 기대합니다. 물론 저는 박사학위를 가졌기 때문에 남보다 쉽게 이직했을지도 모릅니다. 하지만 박사학위 하나가 원하는 바를 이루게 한 것은 아닙니다.

박사학위나 코치 자격은 다음 단계에 도움을 주는 옵션 중 하나입니다. 일종의 보험처럼 만약의 상황에 대비한 것에 불과합니다. 미래를 누가 명확하게 예측하고 대처할 수 있을까요? 재테크도 마찬가지겠죠. 아파트가 오를 거라 생각하고 무리하게 구매했는데 집값이 떨어질 수도 있죠. 주식이 오를 거라 생각하고 투자했는데 손해를 볼 수도 있어요.

자기계발도 마찬가지입니다. 미래를 대비해 시간과 노력을 투자하지만 그것으로 충분하지 않아요. 모두들 어떻게 될지 몰라 불안하지만 선택의 여지가 있기 때문에 마음이 조금 편할 뿐입니다. 결과에 집중하기보다는 학습하는 과정을 즐기면 좋겠어요. 그러다 보면 자연스레 원하는 결과가 따라옵니다.

- 여러분의 재테크 전략은 무엇인가요?
- 여러분은 미래를 위해 어떤 준비를 하나요?
- 여러분이 무엇을 할 때 가장 즐겁나요?

행복은 어떻게 찾아요?

어린 시절 부모님과 세 명의 오빠, 총 여섯 식구가 한방에서 살았어요. 여섯 명이 한 곳에서 밥을 먹고 잠을 자니 여간 불편한 게 아니었죠. 아버지가 퇴근하시면 저녁에 제비 새끼처럼 옹기종기 모여 밥을 먹던 기억이 납니다. 제가 일곱 살이던 때 그런 불편함에서 벗어나 방이 두 개인 집을 장만하여 이사 가던 날이 너무도 신이 나서 아직도 생생합니다.

이사 간 곳은 70년대 후반치고는 현대식 건물이었지만 따뜻한 물이 나오지 않았어요. 겨울마다 손이 꽁꽁 얼도록 차가운 물이 싫었어요. 가끔 부자 친구 집에 놀러 가곤 했는데, 따뜻한 물이 나오는 걸 보고 몹시 부러워했죠. 제 방이 없어 불편했지만, 따뜻한 물이 나오는 집에서 살 수만 있다면 더 바랄 게 없었어요. 성인이 되어 저는 취업을 핑계로 비교적 빨리 독립했는데 사실 이유는 따뜻한 물이 나오는 집에서 살고 싶었기 때문이었어요. 지금까지도 부모님은 그 집에 사시는데 겨울이면 난감해요. 매일 샤워하기도 힘들고, 설거지해도 그릇이 깨끗하지 않아요. 욕실에는 순간온수기를 달았지만, 부엌에는 공간이 좁아 온수기를 설치하기 어려웠어요. 제가 로또에 당첨되거나 돈을 아주 많이 번다면 부모님께 따뜻한 물이 나오는 집을 장만해드리고 싶어요.

지금 제가 사는 집은 수도꼭지만 틀면 뜨거운 물이 콸콸 나와요. 새집도 아니고, 넓지도 않고, 더군다나 제집도 아닙니다. 하지만 전 따뜻한 물이 나오는 것만으로 감사해요. 이런 포근한 보금자리에 가족과 함께 살 수 있어 감사할 따름이죠.

30대 후반에 6개월 정도 경력이 단절되었어요. 기술직에서 교육담당으로 직무를 바꾼 지 4년 만에 회사가 인수합병을 당하면서 3분의 1에 해당하는 인력을 구조조정했어요. 저 역시 예외는 아니었죠. 일반적으로 기업이 어려워질 때, 비자발적 퇴사의 주요 대상은 교육담당입니다. 교육은 외주를 주기도 쉽고, 투자라기보다는 비용으로 보기 때문이죠. 전체 경력에 비해 교육담당 경력이 짧아서 이직하기가 쉽지 않았어요.

6개월 동안 이력서를 쓰고 면접을 봤으나 탈락의 고배만 마셨어요. 햇볕이 내리쬐는 어느 날 서재에서 저는 좌절했어요. '이렇게 멋진 날 회사에 있지 않고 집에서 구인공고나 보고 있다니…….' 제 모습이 너무 한심했어요. 30대 후반에 커리어를 끝내야 할지도 모른다는 두려움이 엄습했죠. 당시 아이들은 초등학생이었고 제가 돌봐야 할 일이 많았지만 너무나도 직장에서 일하고 싶었어요. 다시 직장을 구한다면 '회사가 망하기 전까지는 자발적으로 퇴사하지 않을 것이며, 늘 미래를 준비하겠다.'라는 결심을 수첩에 썼어요.

그렇게 암울했던 시절에 기적이 일어났어요. 간절히 바라면 이루어지는 것일까요? 당시 대학원에 다니고 있었는데, 겸임교수인 중소기업 대표가 저에게 프리랜서 자리를 제안했죠. 6개월이나 구직활동을 했는데 별 희망이 없었던 터라 '노니 일하는 게 더 좋겠다.'라는 생각으로 수락했어요. 그 일을 계기로 저는 정규직으로 전환되었고 점점 더 좋은 직장으로 이직하면서 커리어를 쌓았어요. 망하기 전까지 자발적으로 퇴사하지 않겠다는 결심은 어겼지만, 늘 미래를 위한 준비는 합니다.

아픔을 겪었기 때문에 지금까지 직장을 다니는 것이 소중하고 감사하답니다.

직전에 다닌 회사는 매주 금요일이 자유 복장의 날이었어요. 평소에는 정장을 입었지만, 금요일은 청바지를 허용했죠. 저는 평소 청바지를 즐겨 입어요. 청바지만큼 편한 옷이 어디 있겠어요? 매주 금요일에 청바지를 입으면서 이런 생각을 했었어요. '매일 청바지를 입고 다니는 회사가 있다면 얼마나 좋을까? 아니야 세상에 그런 회사는 없어. 금요일이라도 입어서 다행이야.' 매일 청바지를 입는 회사가 있는데, 지금 다니는 회사가 그렇습니다. 캐주얼한 복장을 매일 허용하는 회사죠. 이 회사에 입사하고 나서 청바지를 여러 벌 샀어요. 매일 청바지를 골라 입고 다녀서 너무나 행복합니다. 상상도 못 한 현실이 매일 눈 앞에 펼쳐지니 어찌 감사하지 않겠어요?

행복한 마음은 어디쯤 위치할까요? 영어에서 지표를 나타내기 위해 "－o－Meter"를 사용합니다. 추상도 지표를

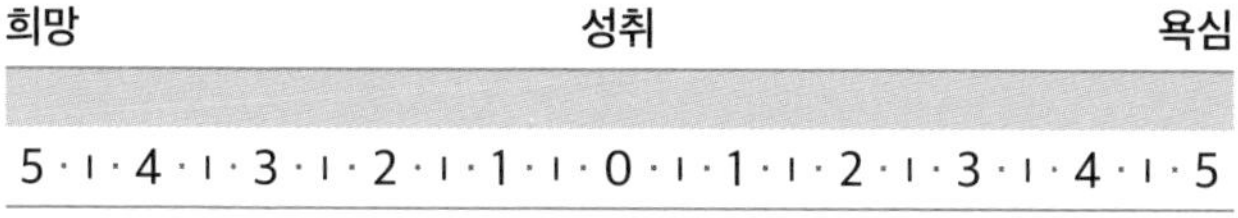

희망	성취	욕심

5 · ı · 4 · ı · 3 · ı · 2 · ı · 1 · ı · 0 · ı · 1 · ı · 2 · ı · 3 · ı · 4 · ı · 5

행복 지표 'Happiness-o-Meter'

"Abstract－o－Meter"라 하고, 위험 지표를 "Risk－o－Meter"라 해요. 저는 행복 지표를 'Happiness－o－Meter"라 부르고 싶어요. 행복은 희망과 욕심의 중간인 성취에 있다고 믿어요. 성취하지 못하고 희망만 있다면 행복하지 않고, 성취했는데도 더 욕심을 내면 그 또한 행복하지 않아요. 저의 행복 지표는 성취에 머물러 있어요. 그래서 행복하고 감사하죠.

가난한 어린 시절과 암울한 실직의 경험이 있었기에 지금 행복해요. 항상 행복하기만 했다면 지금 누리고 있는 성취가 얼마나 소중하고 감사한지 몰랐겠죠. 가끔 힘든 상황이 와도 어려웠던 시절을 생각하면서 지금 감사하다고 생각해요. 또한 현재 고달픈 상황은 미래에 있을 더 큰 기쁨을 위한 상대적인 비교치라는 것을 알기에 더 이상 두렵지 않아요.

- 여러분의 행복지표는 희망과 욕심 중 어느 쪽을 가리키고 있나요?
- 여러분의 일상에서 소중하고 감사한 것은 무엇인가요?
- 여러분은 지금 행복한가요?

돈은 어떻게 관리하나요?

자본주의 사회에서 돈을 무시할 순 없어요. 돈이 많다면 세상의 모든 권력을 소유할 수 있을 거라 생각하고 돈이 모든 문제를 해결해 줄 거라 믿죠. 과연 그럴까요? 돈이 많으면 정말 행복할까요? 얼마나 돈을 가져야 행복해질까요?

겉으로 보기에 부귀영화를 갖춘 유명인이나 재벌가의 사람이 잘사는 것처럼 보여도, 갑자기 자살하는 광경을 보면 꼭 돈이 전부는 아닌 것 같아요. 그런데도 우리는 끊임없이 돈을 소유하려고 하죠. 돈이 삶을 유지하는 데 꼭 필요한 수단이니 말입니다.

어떻게 돈을 모을 수 있을까요? 저는 투자를 해서 돈을 모으기보다는 절약하고 관리하는 방법으로 돈을 모았습니다. 물론 돈을 모으는 방법은 자신의 성향에 따라 다르겠죠. 돈 씀씀이는 커도 재테크에 능한 친구도 있고, 저처럼 씀씀이도 작고 재테크에도 약한 사람이 있지요. 한때 호기심에 주식투자도 해 봤지만 소심한 제 성격에 맞지 않는다는 것을 알았어요. 부동산은 더욱 거리가 멀죠. 막대한 자금을 투자해야 하잖아요. 저는 직장 생활을 꾸준히 하면서 받은 월급 내에서 돈을 소비하며 소박하게 살았어요.

저는 어릴 때부터 돈을 허투루 쓰지 않았어요. 절약 정신이 강했을까요? 부모님의 영향이 컸어요. 웬만해서는 돈을 쓰지 않는 것이 제 생활신조였죠. 학창시절 친구들은 메이커 신발이나 옷을 사고 싶어 했지만 저는 그런 욕심이 없었어요. 제가 입었던 유명 브랜드의 옷은 새 옷이 아닌 엄마 친구 딸이 저에게 물려준 옷이었어요. 그마저도 행복하게 입었던 기억이 납니다. 이런 습관이 자녀에게도 영향을 주나봐요. 우리 아이들도 브랜드에 그리 연연하지 않아요.

부모님이나 친지에게 받은 용돈은 거의 쓰지 않고 은행에 저금했어요. 목돈이 쌓이면 엄마에게 선물로 드렸습니다. 중,

고등학교 때 그랬으니 참 알뜰살뜰했죠. 저는 용돈을 주로 책 사는 데만 사용했습니다. 책을 구매할 때는 이상하게 아깝지 않았어요. 책으로 저만의 도서관을 꾸미는 낙으로 학창시절을 보냈어요.

이렇게 알뜰한 생활습관이 좋기도 하지만 만족스럽지 못하기도 해요. 성인이 된 지금도 돈을 제대로 쓰지 못하는 단점이 있거든요. 가끔 주변 사람에게 기분도 낼 줄 알아야 하는데 저는 어색하더군요. 스스로를 위해서 돈을 거의 쓰지 않기 때문에 자기 보상도 부족하죠.

그래서일까요? 요즘은 다른 사람에게 밥을 사 주는 용도와 제 자신을 위한 용돈을 별도로 준비해 둔답니다. 예산을 정해 두고 돈을 쓰니 좀 더 자연스러워졌어요.

돈을 절약하는 습관이 어려서부터 있다 보니 용돈 기입장을 오래도록 사용했고 가정을 꾸리면서 자연스레 가계부까지 이어졌어요. 제 엄마도 가계부를 늘 쓰셨죠. 여성 잡지를 사면 부록으로 주는 가계부에 엄마는 그날의 간단한 일기와 함께 수입과 지출 명세를 꼼꼼히 쓰셨어요. 어린 시절 전 엄마의 가계부를 많이 읽던 기억이 나요. 엄마의 일기를 보면서 집안 형편을 파악했고 그래서 용돈을 모아 드릴 수 있었죠.

저는 여러 종류의 가계부를 사용했어요. 엄마처럼 여성 잡지를 사면 부록으로 주는 가계부를 써보기도 했고, PC 버전 프로그램도 사용했어요. 서점에서 파는 가계부도 썼고, 모바일 앱을 사용하기도 했죠. 다양한 경험으로 엑셀이 가장 편하다는 결론을 내렸어요. 현재 저에게 가장 최적화된 가계부입니다. 직장에서 엑셀을 자주 사용하니 엑셀에 익숙하고 저만의 서식을 적용할 수 있어서 편리합니다. 사실 가계부뿐 아니라 모든 사람, 활동, 기록의 대부분을 엑셀로 관리하고 있어요.

저는 10년 이상 엑셀 파일로 가계부를 작성하고 있어요. 어떤 방식으로 관리하는지 살짝 알려드릴까요? 우선은 월 템플릿을 준비했어요. 월 템플릿을 복사하여 해당 월 시트에 사용 명세를 기입합니다. 월 템플릿은 식비, 주거비, 피복비, 교육비, 보건위생비, 문화생활비, 경조교제비, 교통통신비, 특별비, 차량 유지비, 부모님 용돈으로 구성했어요. 매월 지출하는 명세를 이렇게 구분하면 어느 곳에, 얼마의 돈을 쓰는지 알 수 있어서 편리했어요. 카테고리는 기존 가계부의 형식과 제가 주로 사용하는 분야를 반영하여 정했지요. 매월 상세 명세를 기입하면서 카테고리별로 합산이 되도록 엑셀 수식을 사용했고, 같은 구분으로 연간 명세가 보이는 연 시트를 추가했어요.

엑셀파일에는 복사 용도의 월 템플릿 시트, 매월 지출을 입력하기 위한 월 시트, 연 시트가 있어요. 연 시트에는 각 월의 카테고리 별 합산 수식을 걸어두어 한눈에 연간 지출내역을 볼 수 있게 했답니다. 연간 지출내역을 보면서 매월 얼마를 쓰는지, 어느 곳에 많이 쓰는지, 어디에 부족하게 쓰는지를 알 수 있어요.

연간 지출내역을 보면 우리 가정에 어느 정도 연간 예산이 필요한지, 얼마나 벌어야 하는지 파악할 수 있어요. 지출액 대비 수입이 적다면 어디서 더 절약해야 할지 알 수 있지요. 또한 문화생활비나 경조교제비는 좀 더 늘릴 수 있는 방법을 찾을 수도 있겠지요. 전체 지출액 대비 몇 퍼센트를 각 카테고리에 사용하는지 계산해 보면 가정의 지출 습관을 알 수 있어요.

저희 가정은 한때 식비, 주거비, 교육비에 전체 지출액의 80퍼센트를 사용하기도 했어요. 가족들의 생애 주기에 따라 조금씩 달라지겠죠? 꾸준히 관리하니 매년 목표액이 생기더군요. 수입과 지출을 제대로 알게 되니 더 열심히 직장 생활을 하게 되었죠. 꼬박꼬박 나오는 월급이 당연하지 않고 우리 가족의 생계를 유지해 주는 소중한 수단이라는 것도 알게 되었어요. 그러니 회사에 더 감사한 마음을 가지게 되었죠. 아침에 출근할 수 있는 곳이 있어서 감사했어요. 그런 마음이 또 하나의 원동력이 되어 지금까지 올 수 있었어요.

- 여러분은 어떻게 가정의 수입과 지출을 관리하나요?
- 연간 지출 명세를 잘 파악하고 계신가요?
- 모든 계획은 현재의 정확한 이해와 파악으로 시작됩니다. 여러분에게 적합한 돈 관리 방법을 찾아보면 어떨까요?

어떤 게
아름다운 건가요?

저는 화려한 아름다움을 추구하지 않습니다. 자신을 화려하게 꾸미는 데도 별 관심이 없죠. 화장을 하지만 비즈니스에 부끄럽지 않을 정도로만 합니다. 여성이 흔히 하는 반지, 귀고리나 목걸이조차 걸리적거려 하지 않아요. 아예 가지고 있지도 않고 사고 싶지도 않습니다. 옷도 그렇습니다. 최신 트렌드를 따라가는 패션 피플과는 거리가 멀죠. 옷을 살 때는 항상 무난한 색상과 디자인을 선택합니다. 유행에 민감하지 않은 스타일을 사서 가급적 오래 입어요. 화려한 아름다움을 추구하기보다는 단정한 아름다움을 선호합니다.

집안의 인테리어도 마찬가지죠. 잡지에 나오는 아늑하고 감각 있는 집에서 살아 본 적이 없어요. 그렇게 하려면 매일 청소하고 관리해야 할 것입니다. 집안 인테리어도 화려한 아름다움보다는 깨끗하게 정리된 환경을 선호하죠. 결국 나 자신, 입는 옷, 거주하는 집을 꾸미는 데 편리함, 정갈함, 단순성이라는 가치를 추구합니다. 단순하게 생각하는 제 성격 때문이 아닐까 싶어요.

예전 회사에서 포스트모더니즘을 추구하는 데비 한Debbie Han 작가를 초빙하여 특강을 들은 적이 있습니다. 그는 서구적 미의 기준이 현대 사회를 지배하는 현실을 풍자했죠. 특히 '좌 삼미신Seated Three Graces' 작품은 서구 고전미를 대표하는 비너스 두상에 평범한 한국 중년 여성의 늘어진 뱃살과 6등신의 몸을 합체했습니다. 현실에서 가장 흔하게 존재하고, 우리가 자주 보는 몸이지만, 대부분의 작품이나 광고 매체는 사실을 왜곡해서 표현합니다. 모두가 텔레비전에 나오는 모델의 몸매를 꿈꾸지만 현실에서는 불가능합니다. 작가는 '동양에 만연한 서구 지향적인 아름다움의 기준이 과연 미의 기준이 될 수 있을까?'라는 문제의식을 던집니다. 전 작가의 의견에 전적으로 동의해요. 우리 인간은 존재 그 자체로 아름답지 날씬하고 비율이 맞기 때문에 아름다운 게 아닙니다.

한 번은 친한 친구와 말다툼을 할 뻔했어요. 친구는 외국인이 한국에 오면 영어로 한국 관광지를 소개하는 관광 통역가이드 일을 합니다. 관광 중에 외국인이 한국에 관해 물으면 대답을 해 주는데 한 번은 이런 질문을 받았다고 해요.

"얼마나 많은 한국 사람이 성형을 하나요?"

"거의 모든 사람이 다 해요."

친구의 대답에 동의할 수 없었죠. 제 주변만 해도 성형한 사람이 절반도 안 됩니다. 외국인에게 왜 그런 왜곡된 답변을 했냐고 물었어요. 친구의 대답이 더 황당했는데, 친구 주변 사람은 실제 거의 다 성형을 했다고 합니다. 처한 환경이 다르면 주변 사람도 다르겠지만 충격적인 사실이었죠. 왜 타고난 아름다움을 인위적으로 고치려 하는지 이해하지 못했어요. 물론 저 역시 이런 말 할 자격은 없어요. 제 딸도 반대를 무릅쓰고 성형을 했으니 말이죠.

전 직장 동료 한 명은 예쁘고 똑똑하며 잘나가는 언니 때문에 심한 열등감에 시달렸어요. 자신은 언니와 정반대로 못생기고 멍청하며 취직도 제때 못한 지진아라고 자책했죠. 답답한 마음에 영국 유학을 갔는데, 그곳에서 새로운 깨달음을 얻었습니다. 한국처럼 짙은 화장을 하지 않으면서도, 밝은 표정으로 자신을 있는 그대로 존중하며 행복하게 사는 사람들의 모습을 봤기 때문이죠. 동료는 진정한 아름다움은 외면이 아니라 내면에 있다는 걸 알고 자신을 사랑하게 되었습니다. 덕분에 자신감을 회복했어요. 지금은 누구보다도 아름답게 빛나고 능력 있는 동료가 자랑스러워요.

그렇습니다. 진정한 아름다움은 내면에 있어요. 저는 지금 이대로 나이 든 제가 좋아요. 하도 웃어서 눈가에 주름이 자글자글하고 적당히 아랫배도 나왔어요. 제가 선호하는 아름다움의 가치에 따라 화려하게 꾸미지 않고 수수하죠. 저라는 존재 자체로 사랑스러워요. 누가 뭐라고 하든 저는 미인입니다. 저뿐 만이 아니라 제 가족, 친구, 직장 동료 모두가 아름답고 사랑스러워요. 우리 모두가 미인입니다.

- 여러분이 추구하는 가치는 무엇인가요?
- 여러분이 어떤 사람이 미인이라고 생각하나요?
- 여러분 자신을 있는 그대로 사랑하나요?

일과 삶의 조화

워라밸, 일과 삶의 균형은 모두가 꿈꾸는 모토입니다. 이제는 균형이라기보다는 조화 혹은 통합이라는 용어를 더 많이 사용합니다. 여러분의 일과 삶의 조화는 잘 이루어지고 있나요? 제 기준에서 일과 삶의 조화를 이야기해보려 합니다.

저는 브런치에서 글을 쓰는데 아이디가 '일과삶'인 만큼 일과 삶에 관심이 많습니다. 솔직히 일중독에 조금 더 가까운 편이지만, 그만큼 제 삶도 소중합니다. 저만의 일과 삶을 즐기는 방법은 무엇일까 고민하던 중 아마존 CEO, 제프 베조스의 "아마존의 CEO 제프 베조스는 '워크 라이프 밸런스'를 지지하지 않는다"로 시작하는 기사를 보게 되었습니다. 세상에서 가장 끔찍한 직장이라고 악명이 높은 아마존이어서 그런가 했더니 놀랍게도 그는 균형(밸런스)보다 조화(하모니)를 주장했습니다. 밸런스는 저울과 같이 비교하는 것으로 서로 적대적인 느낌이 있지만, 하모니는 상호 보조가 된다는 의미입니다. 제가 평소에 생각하고 행동했던 것과 매우 비슷한 주장이었습니다.

> 가정에서 행복한 시간을 보낼 수 있다면 행복한 에너지가 충만한 상태로 출근할 수 있다. 그리고 직장에서 즐겁게 일한 뒤엔 역시 건강한 에너지를 가지고 집에 돌아갈 수 있다. 사회생활을 하다 보면 회의가 시작하자마자 회의실 분위기를 바닥으로 만드는 사람이 꼭 있다. 누구도 그런 사람이 되고 싶지는 않을 것이다. 출근하는 것만으로도 주위 사람들에게 활력을 줄 수 있는 인간이 되고 싶다.
>
> _ 제프 베조스

보통 '워크 앤 라이프 밸런스'라고 하면 '일과 삶의 균형'이라고 말하면서도 이 '삶'을 가정에 더 집중해서 말하는 경향이 있습니다. 가족과 함께 더 시간을 보내어야 하고, 가족과 함께 식사하는 저녁이 있는 삶을 원하니까요. 물론 미혼자의 경우는 연애를 하거나 친구를 만날 수 있고 혹은 취미 생활 등의 개인적인 삶을 의미하겠죠.

기혼자라 하더라도 '삶'을 가정에만 집중하지 말았으면 좋겠습니다. 물론 가정도 중요하죠. 하지만 가정만큼 본인의 삶도 중요하다고 생각해요. 기혼자로서 배우자, 아이와 함께 보내는 시간과 활동이 중요합니다. 하지만 자신을 위한 최소한의 투자가 필요해요. 이런 투자가 결국 장기적으로는 가족에게도, 일에도 선순환이 됩니다.

저는 예외적일 수도 있겠지만 이 '삶'에 '일'만큼의 투자를 하는 편입니다. 마음 맞는 사람들과의 두 가지 스터디 모임(각각 격주와 매월), 최소 주 1일 브런치 글쓰기, 주 2회 요가, 최소 주 2회 코칭, 그 외 다양한 사람들과의 모임, 저녁과 주말의 세미나 참여 등 다양한 '삶' 활동을 하고 있어요. 최근에 글쓰기 취미에 푹 빠져서 글쓰기와 관련한 다양한 모임과 활동을 하고 있습니다. 특별한 약속이 없는 날은 퇴근 후 집에 와서 저녁을 먹고 2~3시간 책상에 앉아 일하는 것과 동일한 강도로 글을 쓰거나 관련 작업을 합니다.

이렇게 일 외적인 것에 많은 시간과 노력을 투자하는 것이 정말 일에 방해가 되고 일의 집중도를 해치는 걸까요? 가족과 보내는 시간을 뺏으니 가정의 평화를 유지하기가 어려운 걸까요? 전 그렇지 않다고 생각합니다. 지금까지 일을 즐겁게 할 수 있는 원동력도 제 삶에 충실했기 때문입니다. 이런 일과 삶이 탄탄히 기초가 되다 보니 단란한 가정도 꾸릴 수 있었어요.

저는 다양한 모임과 과외의 활동을 통해 더 많은 배움과 성장이 있고, 아이디어도 얻게 되어 제 일을 더 잘하게 되는 계기가 되었어요. 또한 일로 충족되지 못하는 열정과 목마름이 해소되어 제 일을 더 열심히 하는 데 도움이 되더군요. 삶으로부터의 행복이 일로의 행복으로 전달됩니다. 이러한 개인적인 활동을 통한 기쁨과 행복이 가정에게도 전달되어 행복한 가정을 꾸릴 수 있어요. 한곳에서 얻은 기쁨과 행복은 다른 영역으로 전염됩니다. 이는 아이들에게 행복하라고 말하기보다 부모 스스로 행복한 사람이 되는 것과 동일한 의미죠. 부모가 행복하면 아이도 행복해지더라구요.

주로 일요일은 다음 날부터 시작되는 '일'을 위해 휴식을 충분히 취합니다. 열정적인 평일과 토요일을 보낸 후 가지는 일요일 하루의 휴식은 꿀맛입니다. 월요일에 회사에 가면 그렇게 충전된 건강한 에너지를 다른 사람들에게 전달하면서 즐겁게 일합니다. 개인적인 일을 통해 정신적으로 행복하지만, 육체적인 피로로 인해 제 일에 지장을 받고 싶지는 않습니다. 일 역시 행복하게 처리하고 싶기 때문입니다. 저에게는 일과 삶 모두가 중요합니다. 일도 잘하고 싶고 제 삶도 알차게 꾸리고 싶어요. 이게 바로 일과 삶의 조화가 아닐까요?

- 여러분이 일에 투자하는 활동은 무엇인가요?
- 여러분이 삶에 투자하는 활동은 무엇인가요?
- 여러분에게 일과 삶의 조화는 어떤 의미인가요?

일과 삶을 대하는 태도

일과 삶에 대한 여러분은 어떤 태도로 임하고 있나요? 저는 사실 어떤 원칙이 있다기보다는 둘 다 사랑하다 보니 다 잘하고 싶은 욕심이 큰 것 같습니다. 어떤 것이 되었든 제 자신이 속해 있는 영역이니까요. 이번에는 제 이야기가 아닌 제 동료 이야기를 하려 합니다. 일을 하면서 동료를 통해 많이 배우기도 합니다. 동료와의 대화를 하면서 많이 배우게 되지요.

사무실에서 제 자리 주변에 앉은 동료 K는 늘 아침에 일찍 오고 저녁에 늦게 퇴근합니다. 휴가 중에도 일을 하고 있어서 메일을 보내면 즉시 답장을 줍니다. 그야말로 일 중독자죠. 우연히 K와 식사를 하면서 이런저런 이야기를 나누게 되었습니다. 동료와 오랜만에 하는 식사인데 너무 심각한 질문을 많이 한 것 같아요.

"우리 회사의 어떤 점이 좋은가요?"

"우리 회사의 어떤 점이 마음에 들지 않나요?"

이런 이야기를 서로 주고받다가 K는 자기 인생을 장기적으로 계획하지 않는다고 말하더군요. 그렇죠. 어떻게 인생을 계획할 수 있을까요? 계획한다고 해서 그대로 되지 않는 게 인생이 아니던가요? 그렇다고 막 살 수는 없는데 말이죠. 그는 계획하지 않는 대신 기준은 정해 둔다고 하는데 그것은 다음의 두 가지입니다.

첫째, 하기 싫은 일은 억지로 하지 않고, 대신 좋아하는 일을 찾아서 한답니다. 보통 하고 싶은 일이라 하면 직업 선택을 많이 생각하죠. 하지만 하나의 직업 안에도 다양한 업무가 존재하니 그 업무 중에서 자신이 하고 싶은 일을 찾는다는 것입니다. 어쩌면 우리는 너무 크게 보고 방황하는지도 모르겠어요. 뭐든 정하기만 하면 그 안에 다양한 일이 있기 때문에 그 안에서 선택과 집중을 해도 되는데 말이죠. 물론 그 안의 모든 업무가 마음에 안들 수도 있지만요.

K가 좋아하는 일은 해 보지 않은 새로운 일을 하는 것입니다. 남다르죠? 신상품을 기획하거나, 신규 서비스를 기획하거나, 새로운 솔루션을 기획하고 만드는 일을 좋아합니다. K는 한 번도 해 보지 않은 다양한 일을 하고 싶다고 했어요. 일 중독자인 K에게 딱 맞는 기준이지 않나요? 그래서 K는 이직을 할 때 급여 인상이나 승진을 제공하는 곳보다 좋아하는 일을 할 수 있는 곳, 즉 새로운 일을 할 기회가 많은 곳을 선택한다고 했어요.

문득 후배 M이 떠올랐어요. M도 K만큼 똑똑하고 새로운 일을 잘하는 친구입니다. 후배 M은 K처럼 늘 새로운 일을 많이 했지만 스스로 원하지는 않았습니다. 그러면서 주변의 프리 라이더들 때문에 짜증을 냈습니다. 회사에서 프리 라이더는 다른 사람이 열심히 일하는 동안 가만히 있거나, 슬쩍 묻어가는 사람입니다. M은 같은 월급을 받는데 자신만 그렇게 힘들고 바쁘게 일해야 하는지 이해할 수 없다고 불평했습니다. 그럼에도 M이 일을 잘 했기 때문에 남들이 하기 힘들어하고 싫어하는 새로운 일만 계속 받았습니다. 결국 M은 참지 못하고 퇴사했어요. 이런 것을 보면 자신이 잘하는 일보다는 좋아하는 일을 해야 한다는 걸 확연히 알 수 있죠. 같은 상황에 있는 두 사람의 태도는 완전히 다릅니다. 누가 일을 즐겁게 하고 성과를 낼까요?

둘째, 아내에게나 아이들에게 존경받는 사람이 되고 싶다고 말합니다. 가족 구성원에게 존경을 받기란 쉽지 않습니다. 가끔 자신의 부모님을 존경한다는 동료는 보았지만, 아이에게까지 존경받는 부모가 되고 싶다는 말을 하는 동료는 처음 봤습니다. 어떻게 하면 존경받는 부모가 될 수 있을까요? 여러 방면으로 모범을 보여야 하지 않을까요?

저는 존경이라는 단어를 생각해 봤습니다. 제 아이는 저를 존경할까요? 과연 제가 존경받을 만한 행동을 했을까요? 존경이라는 표현은 하지 않았지만, 아이가 성장하면서 저를 조금 다르게 보는 것 같긴 합니다. 아이가 어릴 때는 아는 게 많지 않으니 세상의 모든 부모와 자신의 부모와 별반 차이가 없다고 생각하는 것 같았어요. 조금씩 세상을 알게 되면서 제가 어느 직장을 다니는지 무슨 일을 하는지 관심을 가지더군요. 저 또한 아이에게 간접 경험을 주려고 회사에서 있었던 이야기를 많이 했습니다. 회사에 어떤 사람이 면접을 봤는지, 회사에서 어떤 사람이 일을 잘하는데 그 사람은 어떤 삶을 살아왔는지 등 사소한 것까지 나누어 주곤 했습니다. 저를 존경까지는 아니더라도 세상의 경험을 간접적으로 하지 않았을까요?

K가 기준대로 일관성 있게 생활한다면 급여 인상이나 승진은 저절로 따라올 것입니다. 그의 기준은 일과 삶에서 조화를 이루고 있어요. 약간 일 쪽으로 기울기는 했지만 아이들에게 어떻게 조언을 하여 제대로 성장하게 도움을 줄 수 있을지 고민하는 좋은 아빠이기도 하죠. 그의 기준을 들으면서 저의 기준은 무엇인가 생각해 봤습니다.

- 여러분이 일하는 기준은 무엇인가요?
- 여러분이 삶을 펼쳐나가는 기준은 무엇인가요?
- 여러분은 가족에게 존경을 받나요?